LE VOYAGE CHARMEUR

Première Partie

Sur Mer et en Judée

LE
VOYAGE CHARMEUR

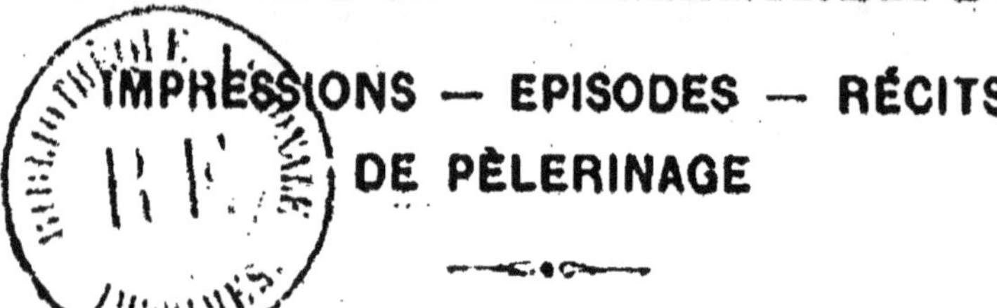

IMPRESSIONS — EPISODES — RÉCITS
DE PÈLERINAGE

1re Partie

SUR MER ET EN JUDÉE

LIBRAIRIE CATHOLIQUE, EMMANUEL VITTE

LYON | **PARIS**
3, Place Bellecour, 3 | *14, Rue de l'Abbaye, 14*

PRÉFACE

LISEZ ceci. — Ce n'est pas un livre. Un livre vous ennuierait peut-être : il y en a tant d'ennuyeux parmi beaucoup de bons! — C'est un *recueil* de lettres, écrites sur des *notes*, prises au jour le jour, en cours de voyage en *Orient*, et racontant simplement des choses vues et des faits vécus.

Ces *lettres*, publiées par la *Revue des Pèlerinages*, ont assez intéressé des lecteurs, pour que plusieurs d'entre eux aient demandé qu'on les mît en volume.

Lisez-les donc. Elles ne vous apprendront sans doute rien de bien nouveau. Mais, vous parlant de choses intéressantes par elles-mêmes, elles ne vous fatigueront pas. Il y a même quelque chance, que le ton familier du style épistolaire, et la variété infinie des objets présentés et des scènes racontées, non seulement ne vous ennuieront pas, mais vous feront plaisir.

Et alors, faites-les lire à d'autres. On lit tant de fadaises de nos jours! tant de romans, ce qui veut dire : des récits imaginaires et frivoles, quand ils ne sont pas dangereux, ce qui arrive souvent! Faites donc lire ces récits vrais, sérieux, utiles, et cependant attrayants. Sûrement vous ferez du bien.

« Oui, lisez et faites lire. Et si, après avoir lu, quelqu'un se déclare content, qu'il veuille bien adresser une petite prière au bon Dieu pour l'auteur. — Si même, ayant été touché, vous preniez à votre tour le bourdon de pèlerin, pour aller *voir*, vous aussi, ce que vous aurez *lu*, oh! alors, c'est l'auteur qui serait heureux et il priera bien volontiers pour vous.

F. B.

LE VOYAGE CHARMEUR

Pourquoi *ce titre : le Voyage Charmeur ?*

Parceque le voyage dont il s'agit dans les pages qui vont suivre est le plus beau des voyages, et qu'on y va d'enchantement en enchantement. Imaginez ce que vous voudrez, parcourez en esprit l'ancien et le nouveau monde, les continents, et les îles les plus fameuses ou les plus pittoresques, passez en revue tous les voyages connus ou possibles, vous ne trouverez rien qui approche des charmes de celui que je vous propose.

Tout s'y trouve réuni à la fois, dans un ensemble parfait et une variété merveilleuse :

La mer la plus belle du monde : la Méditerranée, avec ses gracieuses filles : la mer Thyrénnienne, l'Adriatique, la mer Ionienne, la mer Noire, les Echelles du Levant; — avec leurs détroits aux rives enchanteresses et féeriques, le Détroit de Messine, les Dardanelles, le Bosphore; — avec aussi le cortège presque ininterrompu de leurs îles superbes : la Corse, la Sardaigne, la Sicile, la Crète, Rhodes, Chypre et l'incomparable groupe de l'Archipel ionien : — Et ailleurs : la Mer Morte et la Mer de Galilée.

Les terres les plus célèbres du globe : la Palestine, berceau du genre humain, théâtre à jamais glorieux des mystères de la Rédemption, et source féconde du Christianisme; — l'Egypte, terre des Pharaons, aux annales profondes, aux gigantesques pyramides et aux mystérieux tombeaux; — l'Asie Mineure, rendez-vous et champ de bataille de tous les peuples conquérants; — la Turquie, avec ses divisions fantastiques, et comme figée dans son immobilité; — la Grèce, toute pleine de ses sou-

tenirs mythologiques, et des œuvres de son impérissable histoire ; — l'Italie, centre du monde.

Les villes les plus attrayantes de l'univers : Jérusalem, la
patrie des mystères et des grâces, avec toutes les cités bibliques
qui l'entourent ; — Alexandrie, sanctuaire de la science antique et porte du continent africain ; — Constantinople, objet de
convoitise pour tous les peuples, assise comme une Reine dans
le décor le plus merveilleux qui se puisse rêver ; — Athènes,
campée fièrement autour de son aréopage et de son acropole
sublimes ; — Naples, ville des plaisirs et son immense port
constellé de palais ; — Rome aux sept collines, aux ruines impressionnantes ; Rome avec le Pape, chef de la catholicité ;
Rome enfin, c'est tout dire.

Les traces encore visibles, gravées dans le sol ou reflétées
dans le paysage des plaines, des fleuves et des montagnes, de
l'histoire du genre humain, depuis son origine, de tous les peuples anciens ou modernes qui ont bouleversé et conquis le monde :
Juifs, Grecs, Romains, Turcs et Barbares.

Je m'arrête. J'en ai dit assez, pour justifier le titre de ces
pages, écrites au courant de la plume, sous l'impression des
merveilles qui se sont déroulées et succédées devant mes yeux,
durant 40 jours, dans ce voyage que vous nommerez comme
moi, après l'avoir fait ou en avoir lu seulement un pâle récit :
le Voyage Charmeur.

EN MER

Le départ

Jᴇ ne veux pas vous faire languir. Venez avec moi jusqu'à Marseille. J'avais, comme vous, hâte d'y venir; et une fois là, hâte de m'embarquer, et plus de hâte encore d'arriver au but : *la Terre Sainte*. Je vais donc vous y mener bien vite.

Mais non pas sans saluer d'abord *Notre-Dame de la Garde*. Qui donc, s'il est chrétien, voudrait se confier à la grande mer, sans s'être mis sous la sauvegarde tutélaire de Celle qui est appelée l'Etoile de la mer, *Stella Maris?*...

Connaissez-vous Notre-Dame de la Garde?... Je ne sais rien de plus touchant que cette idée d'avoir élevé sur ce rocher abrupt, qui surplombe la cité phocéenne et ses vastes ports, et domine l'immensité de la mer, un riche sanctuaire à Marie, et de lui donner ce titre symbolique, *Notre-Dame de la Garde*. Combien en a-t-elle *gardé* de barques, voiliers, vaisseaux de tout genre, mis sous sa protection puissante et fidèle ? Dieu seul le sait.

Nous voici donc réunis à ses pieds, pèlerins de Terre-Sainte, au nombre de près de deux cents, le matin du 15 mai 1907. Messe, communions, salut du Saint-Sacrement, consécration à Marie et distribution des Croix de pèlerinage, après un discours d'une grande éloquence de M. Fabre, vicaire général de Marseille, sur l'exaltation de la Sainte Croix.

Nous sommes munis pour le voyage, et de là haut Marie va nous sourire et nous protéger. Le temps lui-même se met au beau pour nous favoriser. Tout va bien.

L'enchantement commence. Quel coup d'œil supe.be on a de la Garde sur Marseille et sur la mer ! On passerait des heures à contempler ce panorama grandiose.

Mais il faut descendre : là-bas, dans le port de la Joliette, nous attend notre navire, l'*Étoile* ; un nom rassurant et doux, comme la *bonne Mère*, qui de son rocher le contemple.

La sirène nous appelle ; une centaine de personnes amies escortent les partants, pour les saluer et leur souhaiter bon voyage ; des camelots aussi sont là pour nous offrir jumelles, chapeaux, bonnets, pliants, etc., tout un attirail de voyage ; des tsiganes jouent leurs airs joyeux pour nous porter bonheur et surtout avoir un petit sou ; des malles, des valises, des provisions de toutes sortes s'amoncellent sur le pont. Voici l'heure.

M. Fabre est venu nous accompagner. Il monte sur l'avant du navire, où se dresse la grande croix du pèlerinage ; nous l'entourons ; il nous adresse une touchante allocution, puis il fait « l'exorcisme de la mer, » invoquant nos bons anges pour qu'ils écartent de notre route les mauvais esprits ; il bénit le navire, la croix, les passagers, et se retire. On hisse la passerelle. La sirène fait entendre son dernier signal. Et déjà le navire s'ébranle. Nous partons, au chant du *Magnificat*. La mer est légèrement agitée.

En passant au pied de *Notre-Dame de la Garde* nous saluons la *bonne Mère* de deux coups de canon, et le chant de l'*Ave maris Stella* s'échappe de toutes les poitrines à la fois.

Nous sommes en pleine mer. Près de moi, une bonne dame, songeant à son fils unique, resté au pays de France, pleure à chaudes larmes, en voyant s'éloigner la terre. Je me sens moi-même quelque peu ému.

La traversée

C'était le soir. Les derniers feux du crépuscule éclairent dans le lointain les îles d'Hyères : les ombres de la nuit tombante estompent le château d'If, le Lazaret, puis un voile noir s'étend sur les flots. On va se coucher.

Le matin, vers 8 heures, la silhouette de l'île de Corse

émerge peu à peu des flots à notre gauche, au travers d'une brume épaisse. Et comme nous approchons davantage, la brume se dissipe, et nous apercevons toute la longue chaîne des montagnes, couvertes de neige ; quelques rares villages sur leurs flancs ; tandis que les côtes n'offrent à nos regards que des rochers abrupts, très tourmentés par la mer.

A midi, nous entrons dans le détroit appelé les *Bouches de Bonifacio*, entre la Corse à notre gauche et la Sardaigne à droite. Ce passage est extrêmement curieux : notre vaisseau serpente à travers le canal pour éviter les écueils qu'on aperçoit çà et là, à fleur d'eau. Très singulière ville de *Bonifacio*, perchée en nid d'aigle sur un rocher friable, que la mer ronge par le pied, et attire par parcelles dans son sein, menaçant d'engloutir les maisons qu'il porte et qu'on abandonne pour aller rebâtir un peu plus loin à l'abri du danger.

Sortis du détroit nous voguons au large, par 3.700 mètres de profondeur. La mer est d'un bleu fascinant.

Voici le groupe singulier des îles *Lipari*. Le *Stromboli* est en pleine éruption. Notre vaisseau, étant à la disposition de la direction du Pèlerinage, fait tout ce qu'on désire de lui. Il nous conduit donc tout droit au Stromboli et nous faisons tout le tour de l'île, au nord et à l'est, où se trouve le cratère, avec un village presque au pied. Le malin ! il nous a fait une niche. Nous voulions voir ses flammes (c'était vers 5 heures du soir), il s'est contenté de nous en montrer les couleurs, irradiant de temps à autre, d'une lueur sinistre, les contours d'une colonne de fumée, jaunâtre d'un côté et toute blanche de l'autre, qui, chose singulière, au lieu de monter vers le ciel, descend comme une coulée de lave tout le long de la montagne, et s'étend sur la mer qu'elle couvre d'un nuage épais à plusieurs kilomètres au nord. Nous avons voulu nous approcher, espérant voir la coulée de lave, mal nous en prit ; il nous jeta une telle fumée, avec des matières ignées en poussière, que nous avons dû nous boucher le nez, et fuir loin des bords inabordables. Mais le spectacle est beau quand même. La fumée sort, non pas d'un seul cratère, mais de plusieurs trous de la montagne, dans un espace déterminé qui la fait ressembler à une écumoire, de laquelle s'échappent des bouffées intermittentes de fumée ; on l'appelle *la grille*.

Nous passons ensuite *Charybde* et *Scylla* sans encombre, et nous contemplons de nuit Messine et Reggio illuminés. C'est féerique.

Vers la Crète, le commandant, déférant à nos désirs, nous fait passer par le nord, et non seulement nous avons longé toute l'île, qui est fort belle, mais nous avons même fait le tour de l'immense rade de *la Canée*, et passé tout à côté de la ville que nous avons pu contempler à notre aise....

La vie à bord

Il semble, à première vue, quand on se met en route pour passer 8 jours sur un navire, qu'on va s'ennuyer et qu'on ne saura que faire. Quelle erreur ! rien n'est plus occupé que la vie à bord, du moins dans un Pèlerinage de Pénitence, voguant vers la Terre Sainte.

Le matin, deux messes pour le pèlerinage. Et voici 7 heures ; petit déjeuner, à la suite duquel on peut se regarder comme libre jusqu'à 9 heures, à moins qu'il n'y ait dans l'intervalle une messe chantée à 8 heures, ce qui arrive une fois sur deux. A 9 heures, récitation du chapelet avec prédications sur les 5 mystères, et comme il y a de très bons prédicateurs qui ont les plus excellentes choses à dire, cela dure assez pour qu'on n'ait le temps de rien faire, sinon de voir moutonner les vagues, avant le déjeuner qui a lieu à 10 h. 1/2.

Cette partie s'expédie assez rondement : le service est très bien fait, et ce n'est pas toujours de trop, car il arrive plus d'une fois que le temps du déjeuner est encore bien long pour certaines personnes, très mortifiées..... par le mal de mer. Après déjeuner, récréation, je parle naturellement pour les jours de bonne mer où l'on peut se récréer. A 2 heures, chemin de la Croix solennel chanté et prêché : 14 sermons ! jugez un peu si c'est long quand le prédicateur est verbeux...

A 4 heures, conférence scientifique, humoristique ou autre, partie très intéressante de la journée. Nous avons eu conférence sur le Stromboli, sur la Crête, sur la catastrophe de la Martinique, sur la marine, les vaisseaux, et en particulier sur l'*Étoile*, par M. le commandant de notre navire; Conférence sur la *fièvre des bagages* en vue du débarquement lequel aura lieu, s'il plaît à Dieu, demain matin vers 8 heures.

A 5 h. 1/2, dîner très rondement mené. Puis récréation, étude du paysage, du coucher de soleil sur la mer, etc.

A 7 heures, séance récréative avec projections lumineuses sur les sujets de conférences, sur les pays que nous traversons, sur la Terre-Sainte. — A 8 heures prière du soir, neuvaine du St-Esprit, bénédiction du T. S. Sacrement, et avis donnés par le Directeur du Pèlerinage.

Dans les temps libres, on ne fait pas toujours ce que l'on veut, car il faut bien prêter son petit concours à ces cérémonies, prédications et le reste.

Vers 9 h. 1/2, on est libre d'aller se coucher pour dormir, quand on peut, surtout si l'on a comme moi, l'avantage d'entendre toute la nuit le frottement strident de la roue qui produit la belle électricité dont jouit le navire.

Vous voyez que nous sommes bien occupés, sans parler d'une certaine occupation très *intime* dont la mer Adriatique n'a pas manqué de nous favoriser à notre passage sur ses eaux. Mais rendons-lui justice, elle n'a pas été trop méchante.

Le pèlerinage est très édifiant. 175 pèlerins, dont 63 prêtres, les autres personnes, hommes et femmes, à peu près en nombre égal.

A mesure que nous approchons de la Terre-Sainte, la piété s'accroît encore. Que de consolations déjà nous avons en mer, et qu'elles sont impressionnantes toutes ces fêtes!... Que c'est beau, ces 60 messes dites chaque jour sur ce vaisseau, dans une magnifique chapelle flottante, par 3,700 mètres de profondeur, sous la voûte des cieux, en face de l'infini de tous côtés, et le Dieu de l'infini dans des mains humaines!

Et cette Messe de *Requiem* le vendredi, chantée avec dia-

cre et sous-diacre, pour les pèlerins défunts, principalement ceux dont les corps ont dû être ensevelis dans les flots!
Et cette absoute donnée sur la mer à l'arrière du bateau !
je n'ai jamais rien vu de plus imposant. Tandis que le navire file à toute vapeur, courant à sa destination, tous les
pèlerins sont là sur le gaillard d'arrière ; l'officiant s'avance
en chape noire, entre le diacre et le sous-diacre, suivant la
croix et les acolytes, et debout, tourné vers la mer, cimetière immense qui a englouti tant de victimes, il fait la cérémonie de l'absoute ; après le chant du *Libera me*, il as-
perge, il encense les flots ; oh ! ce *Pater noster* silencieux,
en face de l'infini, tandis que se poursuit la cérémonie de
l'aspersion et de l'encensement, je m'en souviendrai toute
ma vie ! — Le P. Bailly fait encore ressortir la grandeur de
cette scène, par quelques paroles émues sur les pèlerins
défunts qu'il a dû, lui, si souvent, l'an dernier encore,
presque en sortant de Marseille, ensevelir dans les flots,
ossuaire inviolable et le seul à jamais inviolé, tandis que les
autres, construits à grands frais par les Pharaons, ou autres
princes du monde, dans les entrailles des montagnes ou sous
des monceaux de pierre, ont tous été profanés.

Et cette belle grand'messe de la Pentecôte, messe solennelle s'il en fut, par l'ensemble des circonstances. Tout l'é-
quipage remplit la chapelle. J'ai été touché de la bonne tenue
et de l'air religieux de tous ces braves marins, depuis le
Commandant qui est un homme de foi, jusqu'aux braves
petits mousses ; rien de gracieux comme le coup d'œil de
cette assistance en costume marin et en tenue de cérémonie.
Les pèlerins entourent la chapelle sur le pont, qui n'est qu'un
prolongement de la chapelle elle-même.

Ce même jour de la Pentecôte, nous avons chanté les vê-
pres, et on peut dire que la journée a été très religieusement occupée.

Hier soir lundi, nous avons fait une autre cérémonie non
moins touchante : notre procession à Lourdes. Sur le gaillard
d'avant, avait été dressée une statue de Marie Immaculée,
dans une sorte de grotte artificielle, décorée de fleurs, au
pied de la grande croix de bois qui doit être portée dans

les processions du Chemin de la Croix à Jérusalem. Tout autour du bateau, du moins dans les parties libres, au-dessus du bastingage, des lanternes vénitiennes aux diverses couleurs se balancent et jettent la note la plus gaie sur la mer; tous les becs électriques donnent aussi leur lumière. La procession commence à la chapelle, et se déroule d'un côté du navire pour aller à l'avant, et revient ensuite par l'autre côté. Le navire a 104 mètres, cela fait un assez long parcours. On chante comme à Lourdes *Ave, Ave Maria*, à pleins poumons et à plein cœur. Il y a, à côté de moi, un pèlerin qui doit être un vigneron, car il me chante ses *Ave* aux oreilles avec une voix si formidable, qu'il me fait sursauter. Je croyais entendre la voix de notre sirène essayant de mêler ses accents de bois et de fer à nos voix humaines.

Devant la grotte, prédication par le P. Athanase, sous-directeur du pèlerinage. Puis, au chant du *Magnificat*, des fusées et des flammes de bengale viennent ajouter la note *féerique* à la note pieuse. Ces fusées qui filent sur la mer du côté de la Terre-Sainte semblent être la flamme de nos désirs, qui s'élancent avec elles vers Nazareth et la demeure de la Sainte Famille et de l'Immaculée.   F. B.

EN TERRE SAINTE

I

LA JUDÉE

Débarquement à Jaffa. — Entrée solennelle à Jérusalem. — Messe au St-Sépulcre.

Nous arrivons de nuit devant Jaffa.

Notre débarquement s'effectue par un temps extrèmement calme, et une mer douce et tranquille. Dès 6 h. du matin, visite rapide de la maison de Simon le Corroyeur, où S. Paul résida et fut favorisé de la vision qui fit de lui l'apôtre des Gentils. Embarquement pittoresque sur le train spécial qui doit nous emmener (à 20 k. à l'heure) à Jérusalem. Départ à 8 heures. Rien ne peut vous exprimer la beauté des « jardins » de Jaffa, en plantations d'orangers, citronniers, magnoliers, oliviers, grenadiers, etc. Tout cela, disposé en treille comme la vigne, et d'un vert doux et reposant...

En route ! à travers la plaine de Sâron, si belle autrefois, si désolée aujourd'hui, puis dans les gorges des montagnes de Judée, d'une aridité sans pareille, mais d'une beauté ravissante comme coup d'œil...

Arrivée à Jérusalem, à midi. Quel changement depuis 14 ans ! Une ville moderne, toute neuve, et magnifiquement installée, entoure maintenant les murailles de la ville ancienne. Mais cela ne nous frappe guère ; car ce que nous voyons, c'est la Cité Sainte. Nous y voici.

Dès après le repas, je cours au Saint-Sépulcre et au Calvaire, et je parcours les dernières stations du Chemin de la Croix, pour aller, par la porte de Damas, à St-Etienne. Comme on est heureux de prier dans ces sanctuaires bénis ! Si désolés qu'ils soient au point de vue matériel, on y sent la présence de Jésus qui les remplit et y sème ses grâces. J'en ai demandé d'abondantes...

A 5 heures, nous faisons notre entrée solennelle au Saint-Sépulcre. Jamais autrefois on ne faisait de procession à Jérusalem ; nous en avons fait une hier, de laquelle rien n'approche nulle part. Le drapeau français en tête, porté par un jeune Père de l'Assomption ; à sa suite, les enfants des écoles chrétiennes de la ville, des Frères, des Sœurs de St-Vincent de Paul, avec quelques chrétiens de Jérusalem.

A la suite de la bannière du Sacré Cœur, viennent les pèlerins, les dames, les hommes, puis les prêtres, tous sur deux rangs de procession, et, entre les rangs, les petits scholastiques de l'Assomption, en groupe, chantant les couplets dont nous reprenons tous le refrain. C'est au moins 300 personnes qui vont en rang, en chantant dans les rues de Jérusalem ; le commissaire de police précédant, pour faire écarter tout le monde, et des agents de police refoulant de chaque côté les curieux pour nous laisser toute la rue entièrement libre. Le parcours est long : on part de N.-D. de France, on fait le tour des murailles en dehors pour entrer par la porte de Jaffa ; puis on parcourt les rues... jusqu'au Saint-Sépulcre. Pas un sourire, pas un mot, pas un mouvement hostile quelconque, et tout le parcours est noir de monde ! Tout Jérusalem est là. Curiosité ? oui, mais respectueuse, et je dirais religieuse. Chaque rite ou religion ne voit en nous que des chrétiens faisant un acte de leur culte, et nous respecte comme ils voudraient qu'on les respectât eux-mêmes. Et le parcours dure plus d'une demi-heure. Jamais, depuis l'entrée du Cardinal-Légat, en 1893, on ne vit pareille affluence.

Au St-Sépulcre, réception à l'entrée par les 50 ou 60 Pères franciscains en cérémonie ; discours très éloquent d'un religieux nous souhaitant la bienvenue. Puis, visite du Saint-Sépulcre, un à un, et retour à N.-D. de France.

Là, une nouvelle sans prix m'attendait. J'avais demandé à célébrer au St-Sépulcre. Je tâchai de savoir, à la sacristie, si les recommandations de Monseigneur avaient réussi à me réserver une place : rien ! c'est tout juste si j'ai été bien reçu. J'en avais dit deux mots au P. Bailly, directeur du Pèlerinage ; il n'a pas osé me rassurer, et il a dû dire aux pèlerins prêtres que le pèlerinage espagnol, rencontré et salué à la gare le matin, partant pour Jaffa, n'avait pu obtenir que *deux* messes en plusieurs jours. Cela arrive, lorsque les schismatiques grecs ont des fêtes spéciales. — Or, le soir, le P. Bailly vient me dire : « Demain, nous faisons notre cérémonie solennelle au St-Sépulcre ; grand'messe chantée avec diacre et sous-diacre, etc., je vous ai proposé au Vicaire custodial pour chanter cette messe... » Je le remercie, et, de fait, après le souper, on me remet la carte de la Custodie m'invitant à chanter le lendemain, à 6 h. 1/2, la messe du Pèlerinage. Je n'ai pas besoin de vous dire ma joie et mon émotion : c'est une date inoubliable et unique dans la vie d'un prêtre. Mon bonheur a été envié, je le crois sans peine. Ai-je dormi la nuit ? Pas beaucoup, je crois, tant j'avais peur de ne pas me réveiller assez tôt. A 6 heures, j'étais au St-Sépulcre ; et autant on avait été rogue la veille, autant on fut gracieux, aimable pour moi ; on me baisait les mains, on me souriait aimablement. Mais je voyais surtout le St-Sépulcre, où bientôt j'allais célébrer. A 6 h. 1/2, tout le pèlerinage arrive, avec pas mal de chrétiens de Jérusalem, et je vais, assisté de deux franciscains comme diacre et sous-diacre, et de trois autres comme acolytes et thuriféraire, chanter la messe de Pâques. J'ai été réellement et profondément impressionné, plus que je ne saurais le dire. Comment ne pas l'être ?... Ecoutez ces paroles de l'Evangile que je lisais pendant que le diacre les chantait : « Vous cherchez Jésus de Nazareth, il n'est pas ici, il est ressuscité, *voici le lieu où ils l'avaient placé...* » et ce lieu, j'y étais, je le touchais ! O mon Dieu ! quelle grâce !

Le Pèlerinage est très pieux : on prie avec ferveur. Tous les pèlerins communient chaque jour, et, dans les sanctuaires, ont lieu de très saintes cérémonies, fort édifiantes. Nous prions beaucoup pour la France.

A plus tard, d'autres détails.　　　　　　　　　　F. B.

Les Visites. — Notre-Dame de France

Nous jouissons ici d'un temps magnifique. La chaleur est très supportable. Que dis-je ? nous avons eu un instant la crainte d'avoir froid. Vous ai-je dit que, mercredi matin, au moment de débarquer à Jaffa, nous grelottions sur le pont du navire ?... Parfaitement, et qui plus est, jusqu'à 6 heures et demie, un épais manteau de brouillards couvrait la mer et nous cachait entièrement la vue de Jaffa et de la Terre Sainte, que cependant nous avions hâte de voir et dont nous n'étions éloignés que de mille à quinze cents mètres. On se serait cru en Bresse. Non, je ne m'attendais pas à ce souvenir de la patrie, à mille lieues de distance. Le soleil d'Orient, il est vrai, a pris sa revanche, et nous a *grillés* d'importance à travers les gorges sinueuses des montagnes de Judée. Mais ici ça va mieux.

Question secondaire d'ailleurs, dont on s'occupe juste pour éviter les insolations, assez faciles à prendre sous ce soleil ardent. Mais c'est le *pèlerinage de Pénitence*, il faut bien souffrir un peu. Et puis, on n'a vraiment pas le temps de penser à soi. On est pris comme dans un engrenage par le programme, qui vous pousse, vous tire, vous tenaille sans cesse : c'est le supplice du juif errant : marche ! marche ! et il faut marcher. Je me trompe ; à part les visites dans la ville même, qui ne peuvent se faire qu'à pieds, attendu qu'il n'y a point de rues carrossables, toutes nos excursions au dehors se font en voiture. Mais rassurez-vous : la structure des véhicules, la nature des chemins, et la... bonne odeur des cochers, sont combinées de façon à ce qu'on n'oublie pas la pénitence : j'aurai l'occasion de vous en dire deux mots.

Je ne vous ai pas encore parlé de notre installation à Notre-Dame de France. Là, par exemple, nous sommes chez nous. — Hôtellerie immense, 300 chambres au moins, vastes corridors voûtés, très belle terrasse d'où l'on a une superbe vue sur Jérusalem et les environs, deux grandes cours successives, avec jardin, disposées en gradins, faisant face au Mont des Oliviers. — Deux églises : une grande chapelle pour les offices des PP. Assomptionistes et des pèlerinages, et l'oratoire qui est le centre de l'Archiconfrérie des *Croisés du Purgatoire.*

De ma cellule, dédiée à St-François et à Ste-Elizabeth, et située au premier étage du côté du nord, j'aperçois le Consulat français, dont le drapeau tricolore flotte au-dessus de tout ce quartier neuf, et semble de ses plis *protéger* non seulement la ville, mais la contrée tout entière.

Au loin se dessinent les collines ondulées du mont Scopus, faisant suite au mont des Oliviers, et comme lui dominant la profonde vallée de Josaphat, qui fut témoin de tant d'évènements fameux dans le passé, et qui est réservée pour être le théâtre des grandes assises de l'humanité au dernier jour du monde.

Mais hâtons-nous de reprendre le cours de nos visites, car les jours sont trop courts pour voir tout, et surtout pour prier autant qu'on voudrait. Il fait si bon prier dans ces sanctuaires tout remplis du souvenir de Jésus, dont les pierres semblent porter encore les traces de son Sang rédempteur !

F. B.

La Basilique du St-Sépulcre

Je ne vous ai parlé que du St-Sépulcre, et de la Messe solennelle du Pèlerinage dont je fus l'heureux officiant. La visite de la *Basilique* suivit cette cérémonie.

Il est assez difficile de donner une idée de cette Basilique, tant elle est singulièrement disposée. Mais il importe peu, sachez seulement qu'elle renferme sous ses voûtes diverses les plus saints Lieux du monde. Le St-Sépulcre d'abord, entouré de son édicule grec de mauvais goût, sous un dôme en fonte de gigantesque dimension, que décoraient jadis des peintures, aujourd'hui lamentablement écaillées. Puis, à une distance d'environ trente pas, une élévation de 4 à 5 mètres, également dominée par une coupole, et divisée en deux chapelles par deux gros piliers : c'est le Golgotha ou le *Calvaire*. Trois autels occupent le fond : dans la chapelle de droite, deux autels latins se touchent presque, élevés l'un sur le lieu même de la *crucifixion*, l'autre sur le lieu du *Stabat* ; et dans la chapelle de gauche, un seul autel séparé des deux précédents par la *fente* profonde du rocher, ouverte au moment de la mort de Notre-Seigneur ; cet autel est sur l'endroit même où fut dressée la Croix et où Jésus expira ; il appartient malheureusement aux *Grecs schismatiques*, et nous ne pouvons pas, nous, prêtres catholiques, y célébrer. Cette étrange situation se retrouve dans plusieurs des sanctuaires de la Terre Sainte, triste effet du Schisme et de la politique.

Tout autour du St-Sépulcre et du Golgotha, court un déambulatoire sombre, sous une colonnade où se trouvent plusieurs petites chapelles, rappelant divers souvenirs du drame de la Passion par les noms suivants : *Prison de N.-S.* — *Saint Longin.* — *Division des vêtements.* — *Les impropères*, c'est-à-dire outrages prodigués à N.-S. — Puis *la pierre de l'onction* sur laquelle fut déposé le corps sacré du Sauveur, descendu de la croix. — Et d'un autre côté, autel de l'Apparition de Notre-Seigneur à *Ste-Madeleine* après la Résurrection, — et chapelle de l'Apparition de Jésus à sa *Sainte Mère* ; cette dernière chapelle est celle du couvent des R. P. Franciscains ; on y conserve un tronçon important de la *Colonne ronde de la Flagellation.*

Enfin, tout au fond de la Basilique, sur l'une des pentes du rocher du Golgotha, s'ouvre un long escalier, conduisant à une chapelle souterraine dédiée à Ste-Hélène, et communiquant par un second escalier à une autre crypte, ou grotte, appelée *Invention de la Sainte Croix*, parce qu'elle occupe l'emplacement de la citerne où avait été jetée, le Vendredi-Saint, et où fut découverte plus tard, par les soins de Ste-Hélène, la précieuse Croix du Sauveur.

Vous le voyez, ce qu'on appelle la *Basilique du St-Sépulcre* est un immense enchevêtrement de chapelles, disposées bizarrement sur *quatre plans* ou étages, contigus non superposés, avec quatre dômes couronnant tout cet ensemble disparate, auquel il faut joindre encore les habitations des

Pères Franciscains d'une part, et celle des Moines schismatiques *Grecs*, *Arméniens* et *Coptes*, d'autre part ; et le *divan*, où se tiennent toute la journée, assis *en tailleurs* sur leurs talons, faisant leur prière ou le café, mangeant, ou fumant, ou simplement se reposant, les deux musulmans, gardiens *officiels* de la porte, et surveillants attitrés de la Basilique.

Mais on ne vient pas ici pour admirer des monuments, ou discuter sur la triste situation faite aux Lieux saints par les divisions de la politique. On ferme les yeux, et là on se recueille, tout disparaît : pierres, marbres, ornements, moines, turcs, et au regard de la foi qui s'ouvre sur le passé, se reconstituent, vivantes encore et profondément impressionnantes, les scènes de la douloureuse Passion et de la mort du Sauveur. Les lieux eux-mêmes reprennent leur forme première, facile à reconstituer, et le cœur ému s'abîme sans peine dans la contemplation de ce passé lointain et toujours présent.

Pèlerinage au Jardin de Gethsémani

J'ai encore le temps d'allonger ma lettre. J'en profite. Il y a tant à raconter ! Et ici tout parle : Les hommes et les choses, le ciel et la terre ; chaque pierre qu'on foule vous crie au passage un souvenir du passé ; le silence lui-même impressionne.

En doutez-vous ?... Venez avec moi, nous allons revivre ensemble notre journée de *vendredi 24 mai*. Je pars de bon matin à la Basilique, espérant célébrer la sainte Messe au *Calvaire*. Mais ce jour-là il se trouve qu'il est occupé par les *Grecs*. Impossible. Je descends, je vais à la chapelle des P. Franciscains, au pied même du rocher du Calvaire, et dédiée, je vous l'ai dit, à l'*Apparition* de Notre-Seigneur à la *Sainte Vierge* le matin de la Résurrection. Quel bonheur ! C'est vous qui l'avez voulu, ma bonne Mère, pour me faire célébrer *chez vous*, en ce jour de votre fête de *N.-D. Auxiliatrice !* Merci. — Donc, un des trois autels se montre libre, et c'est justement celui où se trouve la sainte colonne de la

Flagellation, deux bonheurs à la fois ! J'y célèbre. Ai-je besoin de vous dire le flot de pensées qui m'assaillent ? N'ai-je pas même un peu pleuré ?... Ecoutez ce que je disais à la Consécration : *Hic est Calix sanguinis mei... Ceci est le Calice de mon sang qui sera répandu pour vous...* Et la pierre de la colonne sainte qui est là devant moi me dit tout bas : Ce *sang* il a été répandu *sur moi*, j'en ai été toute rougie !!! O mon Dieu ! est-ce possible ?...

On ne traduit pas de telles impressions. Tout ému, je quitte la Basilique, après avoir salué une fois encore Notre-Dame et baisé en passant la pierre du saint tombeau. Et en méditant je me hâte vers le Jardin de Gethsémani, où doit se célébrer tout à l'heure la Messe du Pèlerinage.

Je franchis la porte St-Etienne. Me voici seul sur le chemin. J'ai devant moi le *Mont des Oliviers*, je vois en face, à mi-côte, la petite chapelle du *Dominus flevit*, c'est le lieu où N.-S. s'arrêta pour pleurer sur Jérusalem. Au fond de la vallée profonde de *Josaphat*, qui m'en sépare, et où je me dirige, j'aperçois les Oliviers de Gethsémani, le jardin où Jésus, mon Maître, a pleuré aussi, mais des larmes de sang. — Et ce chemin là-bas à droite, qu'est-ce que c'est ? — C'est la voie de la *Captivité*, c'est-à-dire, celle par laquelle les bourreaux, guidés par Judas, entraînèrent Jésus à minuit le soir du Jeudi Saint, et où commença sa douloureuse Passion.

A part quelques misérables *lépreux*, postés de distance en distance, montrant aux passants, pour les apitoyer, leurs moignons ou leurs tibias, rongés tout vivants par la terrible maladie, et répétant leur sempiternel cri au ton larmoyant : « *bakchich, Madame, bakchich !* » ; à part ces épaves humaines, qui, elles aussi, me parlent des scènes évangéliques de la rencontre de Jésus avec les lépreux, je suis *seul*, et je n'entends aucun bruit autour de moi. C'est la solitude, c'est le silence ! Mais que tout cela parle encore !... Il me semble entendre là-bas, au fond de la gorge profonde, une voix d'agonisant qui monte jusqu'à moi : « *Père, Père, si c'est possible, que ce calice passe loin de moi !* » Il me semble percevoir, rompant à peine le silence mystérieux qui m'entoure, à travers les oliviers qui frissonnent au vent, le bruit d'une respiration

haletante de mourant : « *mon âme est triste jusqu'à la mort !* »
J'entends comme une supplication douloureuse d'un cœur
qui souffre : « *Eh quoi ! vous dormez, mes amis ?* » Puis je
crois entendre tout-à-coup comme une sueur de sang qui
tomberait d'un corps et formerait sur le sol nu des flaques,
grossissant goutte à goutte avec un bruit particulier, qui fait
mal.

Car c'est bien là, en effet, voici le lieu, d'une athenticité
saisissante, où se sont déroulées toutes les scènes de l'Agonie
du Sauveur ; voici les oliviers, voici la grotte, voici le
Cédron à deux pas. Tout parle ; tout me dit : il était là, Jésus,
au soir du Jeudi Saint, et dans cette agonie sanglante, il
pensait à toi, il parlait de toi à son Père.

C'est sous le poids de ces pensées et de bien d'autres, que
je franchis le pont du Cédron, et que j'arrive à la Grotte de
Gethsemani, où la messe du pèlerinage venait de commencer.

Je n'essaie pas de vous décrire cette grotte, très irrégulière et basse, au fond de laquelle se trouve un autel rappe-
pelant la prière de Jésus. Il faut nous hâter.

Là, tout à côté de l'entrée même de la grotte, est aussi
l'entrée d'un autre sanctuaire bien précieux : *le tombeau de
la Sainte Vierge.*

Mais je ne sais pourquoi, malgré la sainteté du lieu et la
sûreté des souvenirs qui s'y rattachent, on est peu impressionné en cet endroit. Il faut dire que le lieu est sombre, et
l'espèce de crypte qui renferme le tombeau est mal dessinée,
ça ne ressemble à rien ; on voit, ou plutôt on devine des en-
foncements, je n'ose pas dire des chapelles, par ci par là,
avec un mobilier qu'on sent malpropre.

Et avec cela, on entend chanter, de tous les côtés à la fois,
des voix nasillardes qui agacent par leur rythme monotone
toujours sur le ton aigu. Les Grecs d'un côté, les Arméniens de l'autre, c'est à qui fera le plus de bruit sous ces
voûtes noires. Oh ! que le schisme a fait du mal ! Si, au lieu
d'être occupé par tous ces schismatiques, ce sanctuaire de
l'Assomption, qui nous a été volé, était encore entre nos
mains, à nous catholiques, comme tout cela changerait, et

comme il ferait bon prier, au lieu même ou fut jadis déposé le corps virginal de notre Mère, avant d'être emporté au ciel !

Mais passons. Après un déjeuner sommaire, non sur l'herbe mais dans la poussière, nous nous rangeons par groupes pour visiter ces souvenirs inoubliables qui partout se heurtent en ces lieux.

Ici l'emplacement de l'antique Basilique de la Sueur de sang ; au fond, la colonne du baiser de Judas, et, à la distance de quelques mètres, le *rocher des Apôtres*, où dormirent Pierre, Jacques et Jean, pendant l'agonie de leur Maître. — En face, la porte basse du jardin actuel des Franciscains, qui renferme, entre ses quatre murs, les huit oliviers célèbres rappelant la Passion. Ces oliviers, deux surtout, d'une vénérable antiquité, sont d'énormes troncs noueux (on dirait des monceaux de pierres grisâtres) couronnés par des branches vigoureuses encore, et portant beaucoup de fruits. Ce sont les seuls oliviers qui ne soient pas soumis à l'impôt, parceque leur existence précède l'invasion musulmane.

F. B.

Le chemin de la captivité

Je quitte à regret ces lieux trois fois saints, et je n'ai pas même le temps de vous dire tous les souvenirs qui s'y rattachent, il faut avancer. Nous allons remonter vers Jérusalem, longeant le côté sud des murailles, par l'extérieur. Nous laisserons à gauche la route de Béthanie, de laquelle se détache, à 500 mètres, le chemin qui conduit à Siloé, le village des lépreux ; ce sentier escarpé qui grimpe à droite est celui par lequel Notre Seigneur fut conduit comme prisonnier par les soldats, depuis le jardin de Gethsémani, chez Anne et Caïphe : C'est pourquoi on l'appelle *Chemin de la Captivité*. Il a environ deux kilomètres et demi. Il passe sur le pont du Cédron au fond de la vallée de Josaphat, et, tantôt à mi-côte, tantôt près des murailles, il traverse ce qu'on nommait autrefois la colline de l'*Ophel*, où étaient les palais et les jardins de Salomon, puis il franchit la tranchée profonde du *Tyropœon*, qui partage en quelque sorte en deux la ville de Jérusalem ; il remonte ensuite, laissant à gauche la colline de Sion et ses pentes couvertes de ruines inexplorées, avec, à son sommet, le sanctuaire converti en mosquée du *St-Cénacle*, dont je vous reparlerai.

Cette excursion est des plus belles qu'on puisse faire. On est à deux pas de Jérusalem, et cependant on est dans la solitude la plus complète. Vous vous souvenez qu'à mon premier pèlerinage, je voulus la faire tout seul. Je vous l'ai raconté. Je contemplais en passant les mille pierres tombales juives, blanchies à la chaux, qui tapissent la pente orientale de la vallée de Josaphat, puis à côté, les monuments antiques, creusés dans le roc vif, et qu'on appelle : *le tombeau d'Absalon*, taillé en forme de bouteille, avec une ouverture au milieu, dans laquelle les juifs, encore aujourd'hui, chaque fois qu'ils passent, jettent une pierre, en témoignage de réprobation du crime de ce prince ; — le *tombeau de Josaphat* ; — celui de *S. Jacques*, etc. — J'ai revu l'endroit fatal, où j'avais eu, en 1893, une fière peur. J'étais arrivé à moitié chemin, à peu près, au tournant des murailles, vers les souterrains fameux, qui ont été dénommés *écuries de Salomon*, au-dessous de l'esplanade du Temple (aujourd'hui de la *Mosquée d'Omar*) ; j'avais en face de moi, de l'autre côté de la vallée de Josaphat, profonde en cet endroit de quelques 150 mètres au moins, le village pittoresque de Siloé avec ses gracieuses terrasses toutes blanches, collé au flanc de la colline opposée ; je voyais à gauche le Mont du *Scandale*, où Salomon avait eu la faiblesse d'élever des autels aux fausses divinités adorées par ses femmes étrangères, et où l'on prétend que Judas alla se pendre ; et à droite j'apercevais la coupole de la mosquée du Mont Sion qui surmonte l'édifice de la salle du Cénacle.

Je m'étais arrêté, saisi par le spectacle qui m'entourait. J'étais seul, je ne voyais pas âme qui vive nulle part. C'était le silence le plus complet, je n'entendais pas le moindre bruit m'arriver de la sainte cité, ou d'ailleurs. Je pouvais me croire seul au monde. Vivement impressionné, je m'assis sur une pierre, et me mis à repasser en mon esprit les scènes de la soirée du Jeudi-Saint. Je reconstituais sans peine la marche nocturne de *Jésus*, entouré de ses Apôtres, après la Cène pascale et l'institution de l'Eucharistie. Je les voyais là-bas à ma droite, sortant du Cénacle, sur le Mont Sion ; la lune, alors dans son plein, éclaire de ses rayons argentés leur petit groupe, tandis qu'elle laisse encore dans l'obscurité à l'ombre du Mont des Oliviers le fond de la vallée. Je les suis du regard, ils s'avancent : *Jésus* est au milieu, les onze se pressent autour de lui, tendant l'oreille vivement pour ne rien perdre des paroles de vie qui tombent de ses lèvres. Avec eux j'écoute encore, et je récite en mon âme le si suave *Discours après la Cène*, conservé par l'Apôtre S. Jean dans son Evangile. Et à mesure que l'entretien se déroule, il me semble voir la petite troupe descendre l'échancrure de la vallée du Tyropœon, puis remonter lentement vers le lieu où je me trouve.

Je crois même déjà percevoir quelque chose du discours du divin Maître. J'écoute. Il parle de *Vigne*. « *Je suis*, dit-il, *la Vigne, vous êtes les branches.* » Instinctivement je regarde autour de moi, s'il n'y aurait pas là quelque vigne, donnant ainsi occasion à N.-S. de lui emprunter cette belle comparaison. En effet, les pentes au-dessous de moi sont verdoyantes de vignes, rampantes à la manière d'ici, et courant follement comme elles veulent, sans être gênées par aucun lien ni aucun support.

Et je continue à suivre mes pensées, reconstituant le passé. Lorsque tout-à-coup un léger pas me fait brusquement tourner la tête, et j'aperçois soudain près de moi un grand gaillard de *Fellah* (paysan) coiffé d'un fez blanc, un gros garrot à la main. Mon sang ne fait qu'un tour. D'un bond, je suis debout, je le regarde, il me regarde, et... il passe son chemin ! Tout de même, je ne me croyais pas si peureux. Il faut avouer que, s'il avait eu les noirs desseins qu'une première impression me faisait supposer, en un tour de main, il pouvait m'envoyer par dessus les vignes que j'admirais, faire une pirouette dans le noir Cédron (à sec heureusement).

Je me remis en route (du côté opposé au Pellah, bien entendu), et je remarquai que je hâtais le pas sans le vouloir, et que mes pensées ne suivaient plus la même direction. A quoi tiennent les choses tout de même !...

— Où en étais-je de ma journée de vendredi ?... Ah ! je me rappelle ; nous suivions ensemble le chemin de la captivité. En passant en face de Siloé, notre guide nous dit : « Siloé, gracieux village, autrefois bien habité, maintenant pays de brigands. » Et je répondais en moi-même : heureusement qu'autrefois...

En passant, on nous montre là-bas à la jonction des deux vallées de Josaphat et du Tyropœon, le fameux *puits de Job*, au fond duquel fut caché le *feu sacré*, au moment de la grande captivité de Babylone ; — puis plus loin sur les pentes de Sion, la grotte de *Gallicante* (chant du coq), où S. Pierre alla cacher sa douleur et pleurer sa faute après son reniement, — et dans la même direction, le lieu où allèrent se réfugier les Apôtres la nuit de la Passion, et le champ d'*Haceldama*, ou du *Potier*, acheté avec les 30 deniers du traître, — et dans le lointain le mont du *Mauvais Conseil*, où les princes des prêtres, réunis avec Caïphe, décrétèrent la mort du Sauveur.

Enfin nous voici arrivés à la porte de Sion. Nous traversons la ville et nous rentrons.

A 3 heures, réunion de tout le pèlerinage pour le Chemin de Croix solennel.   P. B.

Le Chemin de la Croix à Jérusalem

La soirée du vendredi est toujours consacrée au Chemin de la Croix. Que peut-on faire de mieux, en ce jour des douleurs, que de parcourir pieusement les diverses Stations, rougies par les empreintes sanglantes des pas du Sauveur, à travers les rues de Jérusalem ? Combien de fois le divin Maître dût-il s'arrêter dans cette longue marche, du *Prétoire* de Pilate, où il fut condamné à mort, jusqu'au *Golgo-*

tha, lieu de son crucifiement ? On ne le sait pas au juste. La piété chrétienne a distingué spécialement quatorze stations, échelonnées le long du chemin parcouru par Notre Seigneur, et qu'on désigne pour cela sous le nom de *Via dolorosa* (voie douloureuse).

La première de ces stations se trouve actuellement au milieu de la cour de la caserne turque, occupant en partie l'emplacement de la tour Antonia, où, selon la tradition, se trouvait le tribunal ou prétoire du gouverneur Ponce-Pilate.

A 3 heures, nous arrivons, au nombre de plus de 300 personnes, à l'entrée de cette caserne, à laquelle on accède par une longue rampe en escalier. L'autorité turque, plus large et plus tolérante que la nôtre, ouvre à deux battants, devant nous, la porte de la cour d'entrée. Le poste de garde tout entier se tient respectueusement au port d'armes sur le passage de la procession ; deux représentants du gouvernement, sabre au poing, accompagnent d'ailleurs partout les pèlerins, faisant ouvrir le passage, et assurant le bon ordre tout le long du parcours, au milieu de la foule pressée de la population musulmane, qui s'écarte simplement et sans peine devant le cortège.

On ne peut s'empêcher de songer douloureusement que, dans ces contrées lointaines, au milieu de ce peuple étranger et dissident, les Français jouissent d'une liberté qu'ils ne trouvent pas dans leur propre pays, où le pouvoir lui-même est non-seulement indifférent, mais hostile aux manifestations religieuses.

Nous entrons. A droite de l'entrée, est une ancienne chapelle, convertie en magasin d'habillements ; c'est dit-on, le lieu du *Couronnement d'épines*. Les chrétiens n'y entrent pas.

On prend à gauche, et l'on se trouve bientôt dans une immense cour, entourée de murs très élevés. Une pierre du pavement de la cour, marquée d'une croix, indique le lieu où J.-C. fut condamné à mort. C'est la 1re Station. Les soldats turcs, échelonnés sur les marches d'un escalier, nous regardent en silence ; ils nous rappellent la soldatesque qui entourait le tribunal de Pilate.

Là, un Père Franciscain, le P. Paul d'Orléans, un français au cœur chaud, à l'âme ardente, à la parole vibrante, nous adresse un discours saisissant. Il fera de même à chaque station. Oserai-je le dire, malgré l'admiration que m'inspirait cette voix éloquente ? Les sujets n'étaient pas ce que nous attendions. On eût mieux aimé, c'est l'impression générale, des méditations pieuses, encadrées dans un tableau bien vivant de la scène que rappelle chacune des stations. Mais nos cœurs allaient d'eux-mêmes, tandis qu'il parlait, à ces souvenirs tragiques d'autrefois, et nos esprits se retraçaient vivement les évènements, que virent se dérouler les lieux où nous étions.

Après le discours, les prières ordinaires, puis les chants populaires du *Chemin de la Croix*, en allant d'une station à l'autre.

Nous redescendons dans la rue, vers l'endroit où aboutissait jadis l'escalier du Prétoire, qu'on appelle la *Scala santa*. Cet escalier composé de 28 marches en marbre blanc est maintenant à Rome, près de la Basilique de St-Jean de Latran. Notre Seigneur l'a monté trois fois pendant sa Passion : après son interrogatoire, en revenant de chez Hérode, et après sa flagellation. Puis il l'a redescendu, après le couronnement d'épines, pour aller se charger de sa *Croix*, qui l'attendait au dehors.

C'est donc là que se trouve la seconde Station : comme jadis, une Croix nous attendait là, nous aussi ; c'était la grande Croix du Pèlerinage, apportée de France sur notre vaisseau, et solennellement bénie à Marseille. Vingt de nos prêtres pèlerins la prennent ensemble sur leurs robustes épaules, pour la porter vers le Calvaire. Au milieu du Chemin de la Croix, 20 laïques les remplaceront ; puis enfin les dames elles-mêmes voudront la porter autour du Saint Sépulcre.

Quelques pèlerins, moi, par exemple, ainsi qu'un autre bressan, que vous connaissez, portent le long de la voie sainte une croix plus petite, chacun la sienne. C'est encore mieux l'image de la vie.

Le discours de la 2e Station et les prières finis, on se met ainsi en marche, la grande croix en avant. On passe à côté de la Chapelle de la *Flagellation*, puis sous l'Arc, et près du Couvent, dits de l'*Ecce homo*, dont je vous reparlerai.

Le trajet entre la 2e et la 3e station est le plus long de tout le parcours du Chemin de la Croix ; la voie remonte d'abord un peu, puis, après une cinquantaine de pas, on redescend en ligne droite, pendant plus de deux cents mètres. Jadis la pente, qui est assez raide, était beaucoup plus forte qu'aujourd'hui.

Cela déconcerte un peu nos idées courantes ; on est habitué à se représenter la voie douloureuse que Notre Seigneur a suivie portant sa Croix, comme constamment montante. Il n'en est rien.

La ville de Jérusalem couvre deux chaînes de collines opposées, et une vallée entre deux : à l'est le Mont *Moriah* avec le Mont *Bézétha*, à l'ouest le Mont *Sion* avec le Mont *Gareb*, lequel se termine par le rocher du Calvaire ou *Golgotha*, et, entre les deux, la vallée profonde du *Tyropœon*.

Cette vallée était beaucoup plus profonde autrefois, et avant que les décombres s'y fussent entassées dans la suite des siècles, elle formait un véritable ravin, dont il est facile encore aujourd'hui de se rendre compte.

Or, le palais de Pilate et le prétoire étaient sur la hauteur ou la pente *à l'est*, tandis que le Golgotha était *à l'ouest*. Le divin Maître, chargé de sa croix, dut donc, avant de monter les pentes abruptes du côté du Calvaire, descendre d'abord jusqu'au fond de ce ravin, traversé, dans le sens de sa longueur, par la route qui vient de Galilée, et pénétré dans Jérusalem par la porte de Damas.

C'est en arrivant au croisement de cette route avec le chemin du Prétoire, que Jésus, poussé en avant par le poids de sa lourde croix, chancela et fit sa première chute.

C'est la 3e station : elle est marquée par une colonne brisée, couchée au pied du mur d'une construction ogivale, transformée en chapelle par les Arméniens catholiques.

Puis la Voie douloureuse oblique à gauche pour suivre pendant une centaine de mètres la rue qui vient de la porte de Damas, et suit le fond de la vallée. Deux autres stations s'y rencontrent encore à cinquante pas l'une de l'autre : la rencontre de Jésus avec sa sainte Mère, dont le souvenir est conservé par un autre sanctuaire des Arméniens catholiques dédié à Marie, sous le nom de *N.-D. du Spasme* ; — et le portement de la Croix par Simon le Cyrénéen.

Je vous disais tout à l'heure, que partout le plus religieux silence régnait tout autour de nous, parmi la foule arrêtée dans les rues par notre procession. Je fais ici un correctif. Pendant que le P. Paul nous prêchait à la 3ᵉ et à la 4ᵉ station, toute une marmaille de petites filles, penchées du haut d'un balcon sur la rue, où nous sommes, font du vacarme et piaillent en nous regardant. C'est, nous dit-on, une école protestante. Tant pis pour les protestantes, mais elles se sont conduites là, comme n'oseraient jamais faire les petites musulmanes.

C'est à partir de la 5ᵉ station, que la Voie douloureuse reprenant sa première direction à l'ouest, remonte vers le Calvaire. Elle monte même tellement, pendant près de cent mètres, qu'on a dû y établir une succession de paliers inclinés, pour en faciliter l'ascension.

Deux stations y sont marquées : l'une à moitié hauteur, à l'endroit où une sainte femme essuya la face auguste de son divin Maître ; une petite chapelle dédiée à Ste Véronique, rappelle l'emplacement probable de cette scène touchante ; — l'autre à l'extrémité, à l'endroit où le chemin débouchait dans la campagne, en dehors du mur d'enceinte. Il y avait là une des portes de la ville, qui a conservé le nom de *Porte Judiciaire*, parceque, d'après la tradition, à l'une des colonnes du portique intérieur de cette porte, fut affichée, selon la coutume des anciens, une copie de la sentence de mort prononcée contre Jésus. En franchissant le seuil de la porte, le Sauveur bousculé par la cohue, défaillit une seconde fois ; c'est la 7ᵉ station.

On était dès lors en dehors des murs, tout près du rocher du Calvaire ; c'est là que les saintes femmes attendaient le passage du cortège, pour voir Jésus et lui témoigner leur compassion. Le bon Maître les consola et leur fit entendre de graves paroles. C'est la 8ᵉ station.

A partir de cette station, la ligne directe du Chemin de la Croix est rompue, par des constructions diverses. Il faut revenir sur ses pas, parcourir une partie de la rue du Bazar et faire un long détour pour arriver au lieu de la 9ᵉ station, où N.-S. tomba pour la troisième fois; puis reprendre de nouveau la rue du Bazar, avant d'arriver à l'esplanade qui précède la Basilique du S. Sépulcre.

Les cinq dernières stations se trouvent toutes dans l'intérieur de cette Basilique.

Rien n'est plus émouvant et plus impressionnant que ce long Chemin de Croix de deux heures, sur les traces du divin Maître.

Je pensais vous en dire les consolantes impressions: et voilà que la description des lieux m'a pris tout mon temps, et pressé par l'heure, je me vois obligé de couper au plus court. Je vous dirai le reste de vive voix. Adieu.   F. B.

Excursion à Jéricho. — La Fontaine d'Élisée. — Mont de la Quarantaine

---

Je vous écris de *Jéricho* même quelques mots à la hâte, et je m'estime heureux de pouvoir le faire. C'est merveille que je n'ai pas semé mes os le long de l'affreux chemin, que nous venons de descendre à la course pendant 4 heures, à travers les pierres et les rocailles volcaniques dont il est hérissé. Quel pays, grand Dieu! Quel pays!

Partis à 2 heures 1/2 de Jérusalem, au nombre de 90 pèlerins, emportés dans une course vertigineuse sur 25 voitures à 3 chevaux, par une température de 30°, nous sommes arrivés à Jéricho vers 6 h. 1/2, moulus, harassés, ruisselants, après avoir, sur un parcours de 26 kilomètres, descendu de 800 mètres au-*dessus* à 400 mètres au-*dessous* du niveau de la mer Méditerranée. Retenez bien ce détail; et vous comprendrez pourquoi l'histoire du bon Samaritain dans l'Évangile nous dit : Un homme *descendait* de Jérusalem à Jéricho. — J' t'crois, qu'il descendait, dirait un gamin de Paris. Pour une descente, c'est sûrement une descente, et une fameuse.

Après avoir passé *Béthanie*, qui n'est qu'à 3 kilomètres de Jérusalem, la route, assez bonne d'abord, ressemble à un long ruban blanc, en serpentin, qu'une main invisible semble attirer au fond d'un trou noir, qu'on entrevoit là-bas, sans pouvoir en deviner la profondeur. Et nos voitures descendent, descendent, et nous aussi, guettés de là-haut par la grande *tour russe*, qui se dresse au sommet du *Mont des Oliviers*, et qu'on aperçoit de partout, à tous les tournants. Pas une habitation à l'horizon. — Ah ! ils avaient beau jeu, les brigands dont parle l'Evangile ; sans compter qu'ils n'ont pas tous disparus, à en juger par quelques figures embroussaillées de bédouins, que nous contrepassons d'ici de là, armés de leur longue carabine, avec le coutelas recourbé suspendu à la ceinture.

Deux stations seulement. — Un court arrêt à la *Fontaine des Apôtres*, source ainsi appelée sans doute parce que les Apôtres s'y arrêtèrent plusieurs fois pour se reposer et se désaltérer. Mais on la dit infestée de sangsues dangereuses. — Puis un peu plus loin, après avoir monté une petite côte, station plus longue, repos et rafraîchissemen's, à l'hôtellerie du *Bon Samaritain*, dans un site absolument sauvage et qui fait rêver de voleurs et d'assassins. Ce serait là, dit-on, le lieu où se passa la scène rapportée dans l'Evangile. Aujourd'hui ce *Khan* du bon Samaritain ressemble à une hôtellerie, comme une ferme de Bresse à un palais. Mais on est heureux de trouver cet unique gîte entre Jérusalem et Jéricho, pour s'y délasser un peu des fatigues d'une course insensée, et on peut, si l'on veut, y acheter fort cher de vieilles armes, fabriquées la veille, et autres curiosités prétendues antiques, qui ne valent pas grand'chose.

Puis on se remet à descendre, et cette fois nos admirables petits chevaux filent comme le vent. On a à peine le temps, en passant, d'apercevoir suspendu aux flancs d'un rocher, dans l'ouverture d'une crevasse étroite et profonde, au fond de laquelle coule un torrent, le très curieux monastère grec de *Kosiba*. Et voilà que la pente devient si raide, et la rocaille si abondante, piquante et glissante, qu'il faut mettre pied à terre. C'est l'affaire d'une demi-heure. Nous sommes arrivés dans la plaine de Jéricho et la vallée du Jourdain, au lieu même où les Hébreux entrèrent dans la Terre Promise.

L'endroit où nous débouchons serait, paraît-il, l'emplacement de l'ancienne Jéricho, *la seconde*, celle du temps de Notre Seigneur, qui reçut plusieurs fois la visite du Bon Maître, où il guérit miraculeusement un aveugle-né, où se trouvait le Sycomore, sur lequel était monté le publicain Zachée, pour mieux voir Jésus. De cette seconde Jéricho il ne reste que le vieux débris d'aqueducs. — La *première*, celle de Josué, celle dont les murailles s'écroulèrent au son des trompettes des Hébreux, était située un peu plus au nord ; bien entendu, on n'en voit plus aucun vestige. — Quant à la *troisième* Jéricho, celle des Croisés, elle était à l'est des deux autres, et c'est là que se trouve encore actuellement le petit village qui a gardé ce nom si célèbre dans l'histoire. C'est une misérable agglomération de quelques pauvres gourbis de bédouins, au milieu desquels cependant on vient de construire plusieurs hôtels passables, et un hospice russe pour recevoir les pèlerins.

C'est dans un de ces hôtels, l'*Hôtel Bellevue*, que nous allons loger. A peine arrivés, nous y déposons nos bagages, nous refaisons nos forces, en avalant à la hâte un bon verre de bienfaisante camomille chaude, et nous remontons en voiture pour aller, à 3 kilomètres de là, visiter la célèbre *Fontaine d'Elisée*, dont les eaux, jadis amères et mauvaises, devinrent bonnes par un miracle du prophète : source abondante, qui sort à gros bouillons, à une température constante de 22 degrés, au fond d'un vaste bassin, d'où elle s'échappe en cascade par un petit canal. Elle donne naissance à un ruisseau, dont les habitants se servent pour arroser leurs jardins, et dont la fraîcheur produit une luxuriante végétation et comme un oasis au milieu de cette plaine aride.

Cinq ou six jeunes indigènes sont là, assis en chœur, sur chaque bord de l'étroit canal, les pieds nus pendant et baignant dans l'eau fraîche qui coule. Vous pensez peut-être qu'ils se sont écartés pour nous laisser passer. Oh ! que nenni. Jamais un arabe ou un bédouin ne se dérange. — Passe à côté, si tu veux. — Et nos jeunes débraillés ont même tout l'air de nous blaguer.

Mais déjà nos plus intrépides pèlerins ont quitté la Fontaine d'Élisée, et s'élancent au pas accéléré à l'assaut de la montagne de la *Quarantaine*, et du couvent grec, qu'on aperçoit accroché à ses flancs à mi-hauteur. C'est une course intéressante d'une bonne heure et demie, aller et retour, jusqu'au couvent. Hélas ! chacun fait ce qu'il peut. J'ai bien suivi de loin un moment l'ardente caravane ; et j'eusse été heureux d'aller là-haut vénérer, moi aussi, les traces des pas du Sauveur, au lieu traditionnel où il passa 40 jours dans le jeûne, et où il fut tenté par le démon. Mais allez donc, avec de vieilles jambes de 60 ans, suivre à la course une intrépide jeunesse que rien ne fatigue. On m'eut bientôt *semé*......... ainsi que quelques autres graves pèlerins comme moi, et nous en fûmes quittes pour nous consoler ensemble.

Mais nous ne perdîmes pas notre temps. Tout en regardant grimper nos compagnons par les lacets, nous contemplions à loisir cette curieuse montagne, si pleine de souvenirs. Ses flancs, sur la face orientale que nous avons devant nous, sont percés, à différentes hauteurs, de 30 à 40 grottes naturelles ou artificielles, qui ont servi d'habitation, à des anachorètes. Et l'on nous dit qu'il s'en trouve au moins autant, sur la face occidentale. A peu près toujours il y a eu des ermites à la Quarantaine, vivant les uns seuls, dans ces grottes, les autres en communauté. Que de saints ont passé là, à la suite de Jésus, le Saint des Saints !

Au sommet de la montagne, où eut lieu la *tentation de Jésus*, se voient les ruines d'une forteresse. C'est là qu'au temps des Machabées, le trop célèbre Ptolémée fit massacrer au milieu d'un festin, auquel il les avait invités, son beau-père Simon Machabée, avec ses deux fils, Mathathias et Judas. Il y avait déjà à cette époque, des assassinats politiques ! Rien de nouveau sous le soleil. Hélas ! le monde n'en va pas mieux pour cela.

Nos pèlerins grimpeurs viennent d'arriver au couvent. Nous les voyons disparaître derrière les premières constructions. Nous-mêmes sommes déjà à une respectable hauteur. Nous nous retournons du côté de la plaine pour jouir du coup d'œil et méditer un instant. Quel merveilleux panorama ! Peut-être le plus beau du monde. A coup sûr aucun ne l'égale par le nombre et la variété des souvenirs merveilleux qu'il rappelle.

A nos pieds, la *Fontaine d'Élisée*, avec la ligne fraîche, verdoyante et toute parfumée, de son petit ruisseau, jusqu'à Jéricho et au Jourdain. Voici à droite les emplacements, avec quelques vagues ruines, des trois Jéricho successives — et un peu plus loin vers la gauche une simple ondulation de terrain que couronne un beau tamaris, marque le fameux camp de GALGALA, où Josué fit placer les douze pierres, prises dans le lit du Jourdain, pendant le passage miraculeux. C'est à Galgala que fut célébrée la première Pâque des Hébreux, et que la manne cessa de tomber. L'Arche y demeura 6 ans et Saül y fut proclamé roi, puis déposé par Samüel.

Devant nous s'étend, à perte de vue vers le nord, la plaine cultivée du *Jourdain*, si plantureuse autrefois, et toujours si curieuse, avec ses crevasses profondes, aux formes les plus fantastiques, et l'épais fouillis d'arbustes qui accuse le cours sinueux du fleuve biblique. — Et, tout au bout de ce ruban de verdure, nous apercevons à l'horizon à notre droite la surface brillante de la *Mer Morte*, encadrée par les rochers volcaniques de l'ancienne *Sodome*, au sud-ouest, et par les monts de *Moab* à l'est, avec leur teinte grise, nuancée de bleu. Voici là-bas le *Nébo* où disparut Moïse, *Machéronte* où St-Jean Baptiste eut la tête coupée. Au-dessus, plus loin encore, les plateaux de la *Pérée*.

Presque en face de nous eut lieu le passage miraculeux du Jourdain. Là aussi fut baptisé le divin Maître, tandis que la Colombe Sainte planait sur sa tête. Que de fois Jésus a traversé cette plaine avec ses Apôtres, et les foules qui les suivaient !

C'est toute une série d'événements dont le souvenir se déroule sous nos yeux, depuis Abraham jusqu'à Jésus-Christ, depuis Jésus-Christ jusqu'aux Croisés, depuis les Croisés jusqu'à nous ; théâtre unique au monde, où le Ciel et la terre semblent s'être donné rendez-vous pour opérer toutes sortes de prodiges. Ah ! je comprends que les Ascètes aient choisi cette montagne de la Quarantaine pour leurs solitaires méditations. On ne peut se détacher de ce paysage, on passerait des heures, des journées, à le contempler et à méditer son histoire.

Mais tandis que nous méditons ainsi, le temps passe ; depuis longtemps le soleil a disparu derrière le massif du Mont des Oliviers, l'ombre couvre la vallée. Et voilà que se font entendre les cris joyeux de nos compagnons qui dévalent vers nous avec agilité. Il faut rebrousser chemin et redescendre vers Jéricho.

Cueillons en passant quelques fleurs. Les pentes sont couvertes d'arbustes rabougris qui tous portent des fleurs. Mais allez-y doucement ; tous sans exception sont épineux. En voici un très curieux : j'en demanderai le nom, si j'y pense. Il croit en broussaille, comme le houx, et lui ressemble un peu, mais il s'élève plus haut et ses feuilles sont plus petites. Sa tige et ses branches sont toutes hérissées de courtes épines recourbées, comme les griffes d'un chat, mais chose plus curieuse, la même branche porte *à la fois*, à côté les unes des autres, de petites fleurs d'un bleu pâle, et de jolies petites pommes de la grosseur d'un œuf de pigeon, à tous les degrés de maturité, les unes encore vertes, les autres d'un magnifique jaune d'or. J'en ai coupé, (avec précaution afin de ne pas me piquer), un certain nombre de branches pour vous en porter des échantillons.

Rentrés à Jéricho, nous prenons gaîment notre repas du soir dans l'immense salle de l'hôtel Bellevue. Puis avant de nous séparer pour aller au repos, nous faisons ensemble notre *Mois de Marie* : Mois de Marie unique au monde, et tel que l'imagination même la plus orientale ne saurait le rêver.

Je vous en reparlerai demain. Bonsoir. F. B.

Mois de Marie et nuit à Jéricho.

Nous repartons tout à l'heure pour Jé- isalem. Bien que très fatigué, je veux achever mon compte rendu, et saisir toutes fraîches mes impressions sur cette intéressante excursion. Toutes *fraîches !* Si je peux, par 40° de chaleur à l'ombre !!

J'en reviens à notre beau *mois de Marie*, de Jéricho, hier soir.

Au milieu d'une vaste cour carrée, encadrée par les bâtiments de l'hôtel Bellevue, et agrémentée çà et là de petits parterres et de buissons de plantes grimpantes, s'élève un superbe laurier rose. Le tronc, qui mesure au moins 50 centimètres de circonférence, se dresse seul fièrement à 3 mètres de hauteur, et là s'épanouit en un immense éventail, qui s'abaissant gracieusement en avant, forme un magnifique baldaquin, littéralement couvert de ses jolies fleurs épanouies, au point qu'on n'aperçoit presque plus ni branches ni feuilles. C'est notre *chapelle*, avec, pour dôme, l'azur du ciel le plus pur qu'on puisse imaginer, éclairé par la lune en son plein, et constellé d'étoiles profondes.

Nos Pères sacristains ont tôt fait de construire, sous ce baldaquin champêtre, un petit autel, qu'ils adossent à l'arbuste fleuri, et que les mains de nos pieuses pèlerines décorent artistement. Sur l'autel, un tableau, — le seul qu'on ait pu trouver, — représentant..... le S. Enfant Jésus, environné d'anges et de petits enfants. — Il ne manquait à notre mois de Marie que l'image de la Sainte-Vierge. — Que voulez-vous? On prend ce qu'on trouve, dans un pays où il n'y a que des catholiques de passage. Mais je vous assure que nos cœurs ne furent pas embarrassés pour s'élever vers la bonne Mère, au milieu de ce décor féerique, sous ce beau ciel bleu, et cette lune argentée, et dans une contrée où tout nous parle d'elle et de son Jésus.

Aussi, croyez-le, jamais on ne chanta avec plus d'entrain et de piété les strophes de l'*Ave Maris Stella*, et le *Salve Regina*. Il nous semblait que les anges, descendus jadis sur les sommets voisins du mont de la *Quarantaine*, pour chasser le diable tentateur, et servir le divin Maître, nous répondaient de là-haut et chantaient avec nous. Oh ! la belle soirée ! Dieu soit béni !

Puis vint la nuit, *quando nemo potest operari*, pendant laquelle, dit le Seigneur, on ne peut travailler. A Jéricho, on ne peut pas même toujours dormir. Mais vous ne vous douteriez jamais pourquoi. Tout le monde me dira : à cause de la chaleur, parbleu !... — En effet, on nous avait prévenus qu'ordinairement les nuits sont pénibles, les journées aussi, au fond de cette fournaise, creusée à près de 400 mètres au-dessous du niveau de la Mer Méditerranée, et entourée de montagnes volcaniques. — Eh bien ! pas du tout. La chaleur était cette nuit-là très supportable, grâce à un frais zéphir qui nous venait du Nord par la vallée du Jourdain. Mais les grenouilles ! !... Comment les grenouilles ?... Eh ! oui. A peine étions-nous couchés, elles nous ont *raclé* le plus formidable sabbat qui se puisse concevoir ; c'était à croire qu'elles avaient toutes au gosier les fameuses trompettes, qui avaient fait jadis tomber les murailles de Jéricho. Quelle musique, mes amis, quelle musique ! Et il y en avait, de ces bestioles !.... toute une armée, quoi, à travers les longs roseaux et les mares, arrosés par le petit ruisseau qui sort de la *Fontaine d'Elisée*. Chère Bresse, on te retrouve partout : tes brouillards épais à *Jaffa*, le ramage de tes grenouilles à *Jéricho*, c'est complet.

Excursion aux bords du Jourdain

Au fait, cela nous a servi. Dès deux heures et demie du matin, nous étions sur pieds, et les premières voitures arrivaient bientôt pour nous conduire au *Jourdain*. Notre Moukre est impatient de partir, il tient à gagner *Bakchich*, et sait faire valoir ses services : *bonne voiture, môchu*, nous dit-il, *bonne moukre, bonnes cavallos*. — Et sur ce témoignage évidemment désintéressé, il nous emporte à fond de train vers le Jourdain, tout droit devant lui. Y a-t-il des

chemins frayés pour y aller ?........ Nous n'avons jamais
pu savoir. On y voit à peine, et notre *bonne moukre* n'en a
cure. Toujours au galop de ses *bonnes cavallos*, cahotée à
droite, à gauche, en tout sens, vingt fois sur le point de
trébucher avec son contenu, notre *bonne voiture* traverse,
sans façon, champs de blé ou d'orge mûr, broussailles,
buissons épineux, fossés, crevasses ; rien ne l'arrête, on
dirait une gageure. Et il paraît que les autres voitures ont
fait de même.

Après une heure et quart de cette course folle, nous arrivons sur les bords du Jourdain. Nous y trouvons une tente
dressée, et au-dessous huit petits autels, réduits à leur plus
simple expression : un pliant ouvert, les pieds tout uniment
posés sur l'herbe et le sol inégal ; sur le pliant, servant de
tréteau, une planche de 0,80 sur 0,40 ; c'est la table d'autel,
sur laquelle repose tout ce qui est nécessaire pour le Saint
Sacrifice.

Un couvent de moines grecs, dont on aperçoit la coupole
blanche et les gracieuses constructions, à 400 pas de là, et
qui porte le nom de *Couvent de Saint Jean-Baptiste*, indique
que nous sommes aux lieux célèbres où *Jean baptisait*.

Je n'ai pas besoin de vous dire le flot de pensées qui vous
remplit l'âme en ces lieux bénis, et combien le cœur du
prêtre se sent ému, tandis qu'il élève entre ses mains vers
le Ciel, en disant : *Ecce Agnus Dei, ecce qui tollit peccata
mundi,* Celui dont Jean le Précurseur se déclarait indigne de
dénouer la chaussure, et qui voulut être baptisé par Lui, ici
même, dans les eaux du fleuve. — Ici s'est révélée aux hommes la Trinité Sainte : le PÈRE du haut des Cieux entr'ouverts faisant entendre cette parole : « *Voici mon Fils bien-
aimé en qui j'ai mis toutes mes complaisances;* » le FILS,
inaugurant par le baptême sa mission de Sauveur du monde ;
le SAINT-ESPRIT, descendant en forme de colombe et venant
se reposer sur le Messie. — On est heureux de renouveler là
les promesses sacrées du saint Baptême et de chanter le
Credo de la Foi.

Et combien d'autres souvenirs se rattachent à ces lieux !
Bien qu'on ne puisse pas fixer avec une précision mathéma-

tique les endroits, c'est là que les Hébreux, au nombre de plusieurs centaines de mille, passèrent le Jourdain à pieds secs, par un miracle de Dieu, « à l'époque de la moisson, dit la Bible, où le fleuve regorge par-dessus toutes ses rives. » — C'est là que, plus tard, au temps d'Elie, le Jourdain suspendit deux fois son cours, pour donner passage, une première fois au prophète Elie et à son disciple Elisée, une seconde fois à son disciple seul. — D'après la tradition, Notre Seigneur aurait reçu le baptême à l'endroit même où s'étaient produits ces trois arrêts miraculeux dans le cours du Jourdain. — Là encore, Naaman le Syrien fut guéri soudainement de la lèpre, en se plongeant, sur la parole d'Elisée, dans l'eau du Jourdain. — C'est ici également qu'au v⁰ siècle, Marie l'Egyptienne convertie vint expier ses scandales et se sanctifier dans les solitudes du fleuve biblique, etc., etc.

Toutes les messes (40 au moins) une fois dites, déjeûner champêtre : café noir à la manière arabe, c'est-à-dire avec le marc, œufs à la coque sur le pouce, avec une tranche de pain sec, un peu de vin, et..... de l'eau du Jourdain à volonté, on n'a qu'à puiser et boire à même. Pour table, le fond d'une barque renversée, épave de la flottille du Jourdain.

Le voilà donc ce fleuve célèbre entre tous les fleuves du monde, et par son histoire et par son cours lui-même : nous pouvons maintenant le contempler à loisir et repasser nos souvenirs. Ses eaux sortent des flancs du grand Hermon, qu'on aperçoit là-bas au nord, couvert de neiges étincelantes : elles courent, se précipitent avec rapidité à travers les marécages, les déserts et les lacs, en particulier le Lac de Tibériade, se partagent ici et là en diverses branches qui forment autant d'îlots ; puis après avoir mêlé leur nom, sur tout leur parcours, à de grandes et saintes choses, elles se ralentissent, comme s'il leur répugnait d'aller périr dans le gouffre profond de la Mer Morte, où elles vont disparaître.

Le Jourdain est un des fleuves les plus rapides du monde. La distance du lac de Tibériade à la Mer Morte est à peine de 104 kilomètres, et dans cette seule partie, qui est la moins inclinée de son parcours, il descend encore de 188 mètres : c'est à peine la moitié de son inclinaison dans le reste de sa course. Et, chose curieuse, on ne s'en douterait pas. C'était la réflexion que nous échangions en le regardant, à propos des recommandations de prudence faites par les Directeurs du Pèlerinage à l'adresse de ceux qui seraient tentés de s'y baigner, lorsque nous arrive un de nos pèlerins, réputé bon nageur : je viens de me baigner, nous dit-il, et à peine ai-je été à l'eau, que je me suis vu entraîné à cinquante mètres plus bas, et j'ai eu toutes les peines du monde à regagner la berge, tant est fort le courant.

La largeur du *bras* sur les bords duquel nous sommes me semble être de 25 à 30 mètres. La largeur totale du fleuve, avant son embouchure, atteint 75 mètres. L'eau est trouble, mais excellente au goût, surtout si on la laisse reposer. Vous la goûterez. Je vous en ai puisé une bouteille que je vous porterai.

Les bords sont très verdoyants. On y voit de véritables fourrés d'arbres aux formes les plus gracieuses et aux tons les plus variés. Saules, acacias, tamaris, peupliers... y grandissent à plaisir ; et à leur ombre, pullulent les plantes aquatiques, parmi lesquelles se distingue, par sa taille svelte, le roseau du Jourdain, *agnus castus*, une sorte de bambou qui fleurit. C'est à qui en emportera son échantillon. Toute cette végétation vivace est de plus égayée par le gazouillement d'innombrables oiseaux.

Mais tandis que nous jouissons des délices de cette riche nature, le soleil est monté à l'horizon, et déjà il darde ses rayons ardents sur nos têtes à travers le feuillage. Vite on remonte en voiture, et nous voilà galopant, comme ce matin, mais cette fois en file indienne, dans les halliers et les broussailles épineuses, suivant d'abord à peu de distance le cours du fleuve, puis nous engageant à travers une plaine aride, où croissent à peine quelques maigres arbustes ternes, couleur de cendre, et qui paraissent desséchés, bien que très vivaces et... piquants.

Cette course échevelée dure environ une heure et demie.

On nous montre, tout en courant, à notre gauche, sur la
rive orientale du Jourdain, un des lieux les plus mémorables de l'histoire hébraïque. C'est la plaine où campaient les
Israélites, sous la conduite de Moïse, avant le passage du
Jourdain. Là fut faite la distribution de la Terre-Promise
entre les 12 tribus, là furent punis les Israélites prévarica-
teurs, là fut résumée la Loi du peuple hébreu dans le livre
du *Deutéronome* ; et c'est de là que Moïse, après avoir établi
Josué pour son successeur, et avoir béni chacune des 12
tribus, quitta le camp, pour gravir le mont Nébo, et rendre
son âme à Dieu.

La Mer Morte

Nous voici à la *Mer Morte*.

Quelqu'un a écrit : « L'apparition de la *Mer Morte* excite
« autant l'étonnement que l'admiration du voyageur qui la
« voit pour la première fois. Car, cette masse d'eau limpide
« comme le cristal, avec son miroir d'azur tout étincelant
« sous les rayons du soleil, contraste moins avec l'affreux
« désert qui l'environne qu'avec la réputation qu'on lui a
« faite dans les temps anciens... »

C'est bien l'impression que j'ai éprouvée. Certes, cette
plage déserte, aride et blanchie par le sel, est d'un aspect
sauvage et triste. Nous nous sommes éloignés des bords verdoyants du Jourdain, qui, d'ailleurs, perdent leurs attraits
enchanteurs vers son embouchure, comme le fleuve lui-
même ralentit sa course rapide, et finit par se traîner à travers des marécages, en abordant l'eau salée du Lac Asphaltite. Du lieu où nous sommes, on n'en soupçonnerait pas
même l'existence. On n'aperçoit au loin du côté de la plaine
que des dunes noirâtres, formées de bitume, de sable noir
et de galets, et striées curieusement par une sorte d'écume
de sel, avec ici et là quelques touffes grisâtres d'un petit
arbuste épineux, sorte de bruyère sans fleurs ni feuilles, on
dirait une plante morte. Tout autour, des trois autres côtés,
à l'est, au sud et à l'ouest, de hautes montagnes volcaniques,

bizarrement déchiquetées, de couleur cendrée, forment au lac maudit un encadrement sombre que ne parvient pas à égayer un soleil de feu qui semble plutôt les calciner. C'est bien le *désert* et le désert sans oasis.

Le lac lui-même est sans vie ; point de vagues, à peine de simples petites rides sans écume, point d'oiseaux, point de poissons ; d'aucuns prétendent bien qu'il y en a, mais on n'en voit point ; pas de bruit non plus ; aussi loin que peut se porter la vue en tout sens, on n'aperçoit pas de trace d'habitation, ni de tente, ni de bois, ni de forêt. La nappe d'eau immense elle-même semble figée comme une glace ; on n'en voit pas le fond, même sur les bords ; on n'y saisit aucun de ces mouvements profonds et majestueux qui animent les autres mers. C'est une mer, mais une mer en quelque sorte pétrifiée, c'est la *Mer Morte*.

L'eau est pure et limpide cependant, d'un bleu profond, et sous les rayons d'un soleil ardent, elle brille comme un miroir, elle étincelle et réfléchit vivement la lumière. Mais elle est détestable au goût. Vous pensez bien que l'on ne se prive pas de la toucher et de la goûter, mais on n'y revient pas deux fois. J'ai commencé par y plonger les deux mains et m'y laver et rafraîchir, j'avais l'impression de toucher de l'huile ou du mercure ; puis j'en ai pris dans le creux de la main et l'ai portée à ma bouche ; pouah ! quelle amertume, quel mauvais goût ! C'était assez, je me suis retiré. Mais en moins de cinq minutes, un picotement salin me brûla les deux mains un bon moment, et un goût âcre de sel corrompu me resta aux lèvres jusqu'après notre petit déjeuner. Ah ! c'est bien la *mer salée* ou mer de sel, comme on l'appelait jadis.

La densité de l'eau est telle, que le corps humain y plonge avec peine (quelques-uns de nos pèlerins en ont fait l'expérience en s'y baignant) ; et cette densité augmente considérablement avec la profondeur. Les couches supérieures sont moins salées, elles portent parfois à leur surface des masses bitumineuses qui flottent et que recueillent les *pêcheurs d'Asphalte*, sous le nom d'Asphalte de Judée. D'où le nom de *Lac Asphaltite*. Cela le fait ressembler à un immense suaire bleuâtre et gris, qui se perd au loin dans l'ombre des montagnes et cache de mystérieux abîmes.

Bien qu'en apparence, et de loin, rien ne distingue la Mer Morte d'une autre mer, dès qu'on est sur ses bords, tout prend un aspect singulier, qu'on ne retrouve nulle part. En réalité, rien n'est là comme ailleurs, et l'impression générale qu'on en ressent est une impression d'étonnement, mêlé d'un peu de mélancolie et de beaucoup de points d'interrogation, d'un vague sentiment religieux plutôt que de curiosité.

On ne peut se défendre évidemment, on ne l'essaie même pas, de songer aux épouvantables catastrophes, qui ont transformé ces contrées, jadis si belles, si riches, si luxuriantes, en un gouffre immense d'eau saturée de bitume et de dépôts salins de toutes sortes, dont le niveau supérieur est inférieur de 395 mètres à celui de la Méditerranée, et qui s'enfonce à plus de 400 m. de profondeur. Et ce gouffre d'enfer a une longueur de 76 kilomètres sur 15 kil. 1/2 de largeur : soit une superficie totale de 926 kil. carrés.

Et phénomène particulier, cette vaste nappe d'eau amère et huileuse est sans aucun écoulement, et elle reçoit journellement de 6 à 7 millions de litres d'eau douce, qui lui sont apportés par le Jourdain et quelques autres petits torrents ; tel le Cédron qui descend de Jérusalem, et de la vallée de Josaphat. Il y a des époques où le Jourdain déborde et inonde la plaine. Néanmoins le niveau du Lac ne varie jamais que t.ès légèrement. Il faut donc qu'habituellement une température excessive (40° à 50°) chauffe ardemment cette cuvette trop pleine, afin d'en absorber l'appoint d'eau douce que lui apportent les rivières. Cette ébullition est facilitée par un entourage de rochers basaltiques entièrement dénudés, qui y réfléchissent et y concentrent, comme autant de réflecteurs puissants, les rayons du soleil.

Après cela je ne m'étonne pas que les voyageurs anciens aient parlé, dans leurs relations, de cette mer, comme d'une fournaise embrasée, d'où l'on voit s'exhaler des vapeurs et comme une fumée. Je n'ai, je l'avoue, rien vu de semblable; mais je ne serais point surpris que ce phénomène d'évaporation devînt sensible à certains moments.

Instinctivement aussi on se demande où se trouvaient jadis les villes fameuses de *la Pentapole*, dévorées par le feu du Ciel, au temps d'Abraham et de Loth. Le souvenir récent du cataclysme de la Martinique, ensevelissant, en moins de 10 minutes, toute une ville de 40 mille habitants sous une pluie de flammes, nous aide singulièrement à nous représenter l'événement tragique, raconté par la Bible, qui engloutit en un instant Sodôme, Gomorrhe et trois autres villes coupables. Tout nous parle ici de cette épouvantable pluie de soufre, de fer et de feu, qui s'abattit vengeresse, sur ces malheureuses contrées, tandis que la terre soulevée, bouleversée dans ses entrailles, s'affaissait subitement, et changeait en un lac maudit ce paradis devenu abominable par le débordement de ses crimes. Oui, tout nous en parle, jusqu'à ces innombrables globules de fer remplies de soufre et s'enflammant au feu, qu'on trouve épars dans la terre glaise ou le gypse des monticules, environnant le lac.

Oh ! si j'étais savant pour étudier toutes ces choses-là ! Si mon ami Marchand était là, comme il jouirait, et il aurait de quoi faire, de quoi méditer !

Par exemple, je ne réponds pas qu'il n'eût pas souri avec un petit air d'incrédulité, si, en lui montrant là-bas, sur les bords lointains, une roche quelconque, on lui eût dit : c'est tout ce qui reste de la femme de Loth, changée en statue de sel. — Il y a longtemps en effet que la pauvre statue doit être entièrement fondue. Mais cela pourtant n'infirme en rien le récit biblique.

La malheureuse femme de Loth, en s'attardant, par curiosité, dans sa fuite, se trouva instantanément couverte par la pluie de lave brûlante, et demeura clouée au sol, pétrifiée, j'allais dire salifiée. N'est-ce pas ainsi que furent subitement surprises et momifiées les nombreuses victimes du Vésuve, dont on a retrouvé et dont on a conservé les cadavres à Pompéi ? Et il faut à cela ajouter la punition de Dieu. Je n'explique pas, je fais une simple comparaison. Et je ne vois rien d'étonnant à ce que l'imagination populaire, frappée par le souvenir du châtiment terrible de Sodôme, ait cru voir la forme d'une statue de femme dans quelqu'une des masses de sel, de configuration bizarre, qu'on rencontre au Sud-Ouest de la Mer Morte, sur la montagne portant encore ce nom : le *Djebel Ousdoum* (masse de sel gemme).

Je vous parle bien longuement de ces lieux désolés et des lugubres souvenirs qu'ils rappellent. On ne peut se défendre de méditer gravement en face de cette nature étrange. On se rappelle que Notre-Seigneur a dû passer bien des fois dans ces parages, et qu'il a un jour déclaré plus punissables que Sodôme et Gomorrhe les villes qui refuseront de recevoir sa parole. On frémit à cette affirmation, en pensant à tant de cités privilégiées et de nations chères, qui le rejettent, Lui et ses apôtres, de leur sein.

Malgré tous ces détails attristants, l'ensemble du paysage offre un spectacle grandiose et ravissant, au milieu d'une atmosphère des plus rares. — Les contours du lac sont très variés, et là-bas, au loin, une presqu'île enfonce sa pointe de rochers à son extrémité sud, et la coupe en deux parties, comme deux cornes : c'est la presqu'île *el Lisan*, qui est le port de mer de *el Kérak*, ville importante de 7,000 habitants, siège d'un archevêché latin, situé à 4 kilomètres de la Mer Morte, sur une montagne de forme conique, et d'une altitude de 1,420 mètres : antique cité moabite, célèbre forteresse, rebâtie par les Croisés sous le nom de *Château de Crac*, résidence actuelle d'une garnison turque de 1,800 hommes.

Nous avions été agréablement surpris, en arrivant à la Mer Morte, de trouver à l'ancre sur ses bords, au lieu même où nous étions, un gracieux bateau à vapeur, avec une petite barque amarrée au rivage. Ce bateau a été installé sur le lac, depuis 4 ou 5 ans, pour faire un service régulier entre l'embouchure du Jourdain et la presqu'île *el Lisan*, pour porter aux soldats du *Kérak* et au bédouins, des provisions, fruits et pastèques, et en rapporter le blé des plateaux de Moab, ce blé que des centaines de petits ânes et des chameaux transportent ensuite sur leur dos de la Mer Morte jusqu'à Jérusalem : nous en avons rencontré plusieurs caravanes.

Du même côté oriental que le *Kérak*, nous apercevons, en

avant des *Monts de Moab*, le sommet fortifié de *Machéronte* (1,120 mètres), où Hérode le Grand aimait à mettre en sûreté sa personne, ses trésors et ses femmes, et où, après l'avoir emprisonné injustement, il fit couper la tête à St Jean-Baptiste, à la demande d'Hérodiade et de la danseuse sa fille. — Un peu à gauche, et plus rapproché de nous, voici le *Mont Nébo*, une des plus belles hauteurs, d'où l'on a, paraît-il, vue sur toute la Palestine, d'où il fut donné à Moïse de contempler la Terre Promise, et où il mourut à l'âge de 120 ans. On croit que c'est là aussi, et, dit la tradition, dans le tombeau secret de Moïse, que Jérémie, au temps de la captivité, cacha l'*Arche d'alliance*, qui n'a pas été revue depuis.

Encore ce souvenir. Là-bas à droite sur la côte occidentale du lac, à peu près vers le milieu de sa longueur, cette petite hauteur qu'on aperçoit, c'est l'emplacement de la gracieuse ville d'*Enggaddi*, célébrée dans le *Cantique des Cantiques* pour ses vignes odoriférantes, vantée en tout temps pour ses belles sources sulfureuses, son baume et ses palmiers. C'est là aussi, dans les environs, qu'on trouve la fameuse pomme de Sodome (*Calotropis procera*), dont le fruit jaune et pâle est gros comme une petite orange, et rempli de graines soyeuses que les femmes tissent avec des fils de coton.

Je m'arrête, aussi bien je n'en finirais pas, tant se pressent les souvenirs sur ces bords mystérieux. Et d'ailleurs il faut partir, le soleil nous brûle.

Après un léger rafraîchissement pris sous la tente, et une cueillette de petits galets et autres *mementos*, nous remontons en voiture, et au galop nous revenons du côté de Jéricho. Pendant au moins un kilomètre, peut-être deux, nous retrouvons par plaques, ou par bandes sinueuses comme des vagues, une sorte d'écume de sel cristallisé. — Impossible de concevoir un sol plus tourmenté que celui que nous parcourons : on dirait que le Jourdain, à des heures de folie, a pris plaisir à venir raviner cette plaine, en y circulant en tout sens, et en creusant de rage, par ses tourbillons, de profondes crevasses, partout où le sol s'est laissé entamer, tandis que les parties résistantes, composées de sable jaune compact comme du roc, sont restées debout, et se dressent encore en mamelons déchiquetés, rongés, pan... nts, de la manière la plus fantastique. Il nous faut traverser sans chemin cette terre ravagée, tantôt descendre dans un trou, au risque de se casser le cou (une de nos voitures a été net partagée en deux dans une de ces descentes, sans accident), tantôt contourner les mamelons, à droite, à gauche, sans ordre, tantôt nous hisser au sommet de ces monticules ; c'est affreux, mais il faut bien passer : dans un de ces passages critiques, il a fallu descendre de voiture ; les chevaux grimpant comme des chèvres semblaient collés au sol, élevant plutôt que traînant les voitures suspendues à leurs croupes.

Enfin nous sommes arrivés, nous avons déjeûné, nous nous sommes reposés, et voici qu'on sonne le départ pour le retour à Jérusalem. Adieu.   F. B.

La Fête-Dieu à Jérusalem

Après l'intéressante mais rude excursion à Jéricho et à la *mer morte*, quelle belle et reposante journée à Jérusalem, en ce glorieux jeudi de la Fête-Dieu ! Une véritable journée du ciel, et le matin et le soir !

Matin. — Messe patriarcale et Procession au Saint-Sépulcre.

Tout d'abord, je tiens à vous le dire, vous partagerez mes joies, j'ai eu le bonheur de célébrer ma messe, à 7 heures, sur le Golgotha, à l'autel latin de la *Compassion*, ou du *Stabat*, à l'endroit même où se tenait la T. S. Vierge Marie, tandis que son doux Jésus expirait, où elle vit le soldat Longin transpercer son Cœur de sa lance, après sa mort, et où elle reçut dans ses bras son corps inanimé, quand il fut déposé de la croix. Quels souvenirs, mon Dieu ! et comment ne pas être ému ! J'étais sur le lieu trois fois saint, qui fut le premier sanctuaire de la Garde d'Honneur du Sacré Cœur de Jésus. Là vraiment on comprend mieux, que dis-je ? on sent, on goûte l'amour du Sacré Cœur. On passerait sa vie à s'y tenir en adoration au pied de la Croix, avec Madeleine, Jean, Marie !... les trois premiers *Gardes d'Honneur !*

Mais l'office solennel va commencer. Hâtons-nous de descendre au *Saint-Sépulcre.*

L'Edicule sacré, avec tout ce qui l'entoure et qui n'appartient pas aux Grecs, est superbement décoré, disons mieux, transformé, et même, je l'avoue, avec bon goût, malgré un peu de surcharge dans les décorations. On ne reconnaît plus, sous les ornements qui le couvrent, l'affreux manteau de marbres rouges, jaunes et blancs, dont le mauvais goût des Grecs, après l'incendie du commencement du siècle dernier, a malheureusement affublé le rocher béni qui a servi de sépulcre au Sauveur.

Le cortège patriarcal fait son entrée solennelle, et va se ranger en ordre devant le trône, où le Patriarche se revêt des ornements sacrés. Le Consul Général de France, en grande tenue officielle, est là, avec tout le personnel du Consulat et sa famille, à la place d'honneur. Les pèlerins sont placés derrière lui sur des bancs réservés. Une foule de catholiques de Jérusalem nous entoure. Le spectacle est imposant.

Les cérémonies saintes se déroulent majestueusement. Tout se fait avec une dignité grave et impressionnante. La messe est chantée en musique italienne par les élèves du grand et du petit séminaire patriarcal. Pendant le *Gloria,* tous les bourdons et toutes les cloches sonnent à pleine volée. Le Patriarche communie de sa main tous nos pèlerins laïques.

Après la messe, procession solennelle du T. S. Sacrement... Notre Consul, tenant en main un gros cierge, se place immédiatement derrière le dais, avec toute sa suite, et une partie de la foule se joint à eux.

On fait trois fois le tour du St-Sépulcre, au chant des hymnes sacrés. La troisième fois, la procession s'avance, hors de la rotonde, sous les arcades qui longent le Chœur des Grecs, du côté du Calvaire, et va faire le tour de la *Pierre de l'Onction,* près de l'entrée de la Basilique, puis elle revient à son point de départ. Nous suivons donc maintenant le chemin que parcourut, au soir du Vendredi-Saint, après l'embaumement, le cortège funèbre des amis de Jésus: Joseph d'Arimathie, Nicodème, S. Jean, Madeleine et les saintes femmes, avec la Vierge Marie. Le cœur se serre à ce souvenir. Ce *Corps* du Christ vivant dans l'Eucharistie, que nous accompagnons en triomphe, au milieu des chants et de la fumée de l'encens, il était là, jadis, inanimé, souillé de meurtrissures et de sang, déchiré, glacé, et après l'avoir à la hâte enveloppé de suaires et parfumé d'aromates, sur cette dalle, que nous appelons *Pierre de l'Onction*, ses amis le portaient en pleurant jusqu'au tombeau préparé là-bas, tout près. Quel changement ! *Ubi est, mors, victoria tua ?*

Après ce dernier parcours, le Patriarche entre dans le S. Sépulcre, dépose le Saint Sacrement sur la pierre du Tombeau, encense et chante l'oraison; puis il le prend de nouveau, et sortant il bénit la foule agenouillée dans le silence et l'adoration. *Surrexit Dominus vere, alleluia !*

Puis on se remet en marche, et la procession se termine par un salut solennel à l'autel de l'*Apparition de Jésus à sa sainte Mère.*

Jeudi soir. — *Procession du St-Sacrement à Notre-Dame de France.* — Je ne pense pas que nulle part ailleurs, si ce n'est peut-être à Rome, où sont le Pape et les Cardinaux, avec toute la pompe de la Cour Pontificale, on puisse voir procession aussi imposante et aussi touchante que les deux auxquelles nous avons eu le double bonheur de prendre part ici, à Jérusalem, le jour de la Fête-Dieu.

Je viens de vous raconter celle du matin, elle m'a vivement ému. Laissez-moi vous parler de celle du soir.

Elle s'est faite, vers 5 heures, à Notre-Dame de France, à travers les vastes corridors, les cours et les jardins, qui, je vous l'ai dit, sont étagés en gradins, du côté du Mont des Oliviers. L'immense hôtellerie, à l'extérieur comme à l'intérieur, est pavoisée de drapeaux, d'oriflammes et de banderolles. Sur tout le parcours de la Procession, on a semé par terre des fleurs odoriférantes avec leurs tiges et de petits rameaux verts, en sorte que le chemin est tout le long parfumé, et on respire de délicieuses senteurs. — Un seul, et simple, mais très élégant reposoir au fond du jardin.

Voici l'ordre du cortège. En tête la croix et les acolytes ; — puis toute une longue et charmante théorie d'enfants : d'abord les petits, tout petits, de deux ou trois ans, tenus à la main par les mamans ou les grandes sœurs ; ensuite les enfants des Frères des Écoles chrétiennes ; les orphelines des Sœurs de S. Vincent de Paul, en blanc ; puis les élèves des Sœurs de St-Joseph, depuis les petites de 4 ou 5 ans, jusqu'à celles de 12 ans et plus, toutes très gentiment habillées, moitié à l'orientale, moitié à l'européenne, avec un voile blanc sur la tête couronné par un diadème de fleurs d'orangers : c'était gracieux au possible : de plus, chacune de ces enfants portait, suspendue à son cou par un ruban rose, une toute petite corbeille pleine de feuillages et de fleurs embaumées, qu'elle répandait sur le passage du Saint Sacrement.

Puis venaient nos Pèlerins laïques, Dames, Messieurs ; — les petits Pères scolastiques de l'Assomption (une trentaine) en surplis, formant la *Schola* et chantant sans interruption, sur le rythme grégorien, les hymnes liturgiques ; — et à leur suite tous les prêtres du Pèlerinage, au nombre de plus de soixante, en ornements sacerdotaux, dalmatiques, chasubles et chapes.

Enfin, immédiatement en avant du Saint Sacrement un groupe d'une vingtaine d'enfants de chœur en soutanes rouges, surplis brodés et camails rouges, les uns balançant de petits encensoirs fumants, les autres épandant des fleurs avec des feuillages.

Je vais vous surprendre, et s'ils m'entendaient, j'étonnerais bien fort tous nos lutins du Bugey et même de la Bresse. Ces petits moricauds de Jérusalem officient avec une gravité, une précision, une grâce admirables. Ils sont tout entiers à leur affaire, et autant on les voit turbulents dans les rues et les chemins, autant ils se montrent là gentils et attentifs.

Je n'ai jamais rien vu de plus gracieux que la manière simple et pieuse dont ils exécutent leur rôle. Sans signal aucun et sans interruption, avec un ordre et un ensemble parfaits, ils se rangent, à tour de rôle, 4 à 4, sur deux rangs, se tournent vers le Saint Sacrement, qu'ils saluent d'une génuflexion ; et tous les huit en même temps, ils encensent ou jettent leurs fleurs, mais posément et d'un mouvement uniforme ; les 4 thuriféraires élèvent leur encensoir à la hauteur de leurs yeux et le balancent doucement, tandis que les 4 fleuristes prenant une petite pincée de leurs fleurs, les *portent à leur bouche gracieusement pour les baiser*, puis étendant la main les laissent tomber doucement, sans les jeter, devant le Saint Sacrement. Ils font ces mouvements tous les huit en cadence et en *marchant lentement à reculons*, sans retarder la marche du cortège qui continue à s'avancer. Puis au bout d'un moment, l'un des deux rangs fait la génuflexion et il est remplacé par un autre rang de 4 qui observe le même ordre, et ainsi perpétuellement tout le long de la procession. C'est on ne peut plus édifiant et touchant.

A la suite du Saint Sacrement, s'avance une multitude bigarrée de jeunes filles, femmes, hommes, en vêtements de fête et dans une tenue très digne. La foule grossit même d'instants en instants, et il y a de tout dans ce monde curieux, beaucoup de catholiques, mais aussi, nous dit-on, des musulmans, des schismatiques et même des juifs, qui d'ailleurs gardent une attitude vraiment respectueuse...

La procession s'est terminée à la Chapelle vers 7 heures. Et comme nous sommes ici en avance de deux heures et plus sur la France, je faisais la réflexion, en me retirant, qu'elle finissait juste au moment où commençait à 5 heures, à Bourg, notre procession si belle aussi dans les cours et jardins de S. Joseph.

Loué soit à jamais et en tout lieu, à Jérusalem et à Bourg, le Très Saint et Très Divin Sacrement !

Après la procession, a lieu le dîner à l'heure ordinaire ; mais nous avons l'honneur d'avoir à notre table M. le Consul Général.

A cette occasion, le dîner fut agrémenté d'intermèdes charmants, entre autres, lecture par un jeune assomptioniste d'une vibrante pièce de poésie, très bien tournée, ayant pour thème : *Dieu ne meurt pas : la France ne meurt pas.*

Quelle belle journée nous venions de passer !   F. B.

Basilique de l'Assomption
et tombeau de la Sainte Vierge

Le chemin de Béthanie à Jérusalem passe, au fond de la vallée de Josaphat, devant le Jardin des Oliviers, et l'église grecque de l'Assomption qui contient le tombeau de la Ste-Vierge. Entrons-y faire notre visite.

La Vierge Marie, après l'Ascension, habita la maison de St-Jean sur le mont Sion, tout à côté du Cénacle. Nous visiterons plus tard ce lieu béni. C'est là, selon une tradition orientale immémoriale, que mourut la divine Mère de Jésus. La même tradition rapporte que les Apôtres furent miraculeusement avertis de son trépas, et accoururent à Jérusalem pour lui rendre leurs derniers devoirs. Seul S. Thomas, toujours en retard, n'arriva pas à temps.

Le corps immaculé de Marie fut porté à la vallée de Josaphat, et déposé en un tombeau, creusé dans le roc, de la même manière que le Saint Sépulcre du Sauveur au Calvaire.

Trois jours après les funérailles (je vous rappelle toujours la tradition), l'apôtre S. Thomas arriva des Indes, où il était allé prêcher l'Evangile. Il exprima le désir de revoir une dernière fois les traits de la Mère de Dieu. Pour le satisfaire, on écarta la pierre qui fermait l'entrée du sépulcre. Le tombeau était vide, le corps virginal avait disparu ; seuls restaient là les linges et linceuls, répandant un parfum incomparable.

On comprit alors que « Celui qui s'est complu à naître de Marie, tout en conservant sa virginité inviolable, s'est plu aussi à préserver son corps de la corruption, et à l'admettre au Ciel avant la résurrection générale. »

Telle est la tradition, dont il existe de nombreux témoignages, remontant d'âge en âge, sans interruption, jusqu'au iiie siècle. Elle consacre non seulement le dogme de l'Assomption, mais aussi l'existence, à Gethsémani, du tombeau de Marie, et en même temps le fait de *sa mort à Jérusalem*. L'opinion nouvelle qui voudrait, sur certaines indications tirées des révélations de Catherine Emmerich, placer la mort et la sépulture de la Sainte Vierge à *Éphèse*, ne repose pas sur des raisons suffisantes pour infirmer cette tradition primitive, et pour moi, après avoir vu, je déclare que je ne puis comprendre que cette opinion ait pu être prise au sérieux.

Une église fut élevée par les chrétiens sur le tombeau vide de la Mère de Jésus, dès le Vᵉ siècle. S. Jean Damascène y prêcha son 2ᵉ sermon sur la mort de Marie, en présence d'un grand nombre d'évêques, de prêtres et de fidèles. Détruite et relevée plus tard, elle subit de nombreuses péripéties.

L'église actuelle remonte aux Croisades, mais la coupole qui surmontait le monument a depuis longtemps disparu, si même elle a jamais existé ; la crypte, seule restée debout, forme une croix latine d'environ 30 mètres de long sur 8 de large. On y descend par un vaste escalier de 48 marches, lequel s'ouvre à côté de la grotte de l'Agonie du Sauveur. Le niveau du tombeau est à 12 ou 15 mètres au-dessous du sol exhaussé de la vallée.

De même que celui de Notre-Seigneur, ce saint tombeau a été isolé, par une entaille profonde, de la masse rocheuse, dans laquelle il avait été creusé, de sorte qu'il offre la forme d'un édicule cubique adhérent par sa base au rocher, mais entouré de toute part d'un large espace vide. On entre à l'intérieur par une petite porte très basse. Il ne peut contenir que 4 à 5 personnes à la fois. Une sorte de banquette, d'un mètre de hauteur au-dessus du sol, occupe toute la longueur d'une des parois de la chambrette : elle est entièrement recouverte d'une table de marbre blanc ; c'est là que fut déposé le corps virginal de Marie. Une ouverture dans la coupole de l'édicule indique le passage que suivit le corps ressuscité, pour s'élever au Ciel.

Tout cela n'est éclairé que par un faux jour, qui descend dans la crypte par la porte supérieure du haut du grand escalier, et par les lampes du sanctuaire.

Qu'il ferait bon prier dans cette retraite mystérieuse, sanctifiée par le séjour funèbre de notre divine Mère et sa glorieuse résurrection ! Mais il faudrait avoir le temps d'y rester et de méditer à loisir ces souvenirs si doux ! Et l'on est toujours pressé. Encore, cette fois, arrivons-nous à un bon moment, alors que les schismatiques font la sieste, et ne sont pas là pour nous fatiguer par leurs allées et venues, et nous assourdir par leur chant nasillard et monotone, et leur liturgie criarde.

Chose singulière et douloureuse pour nous. Dans un coin du pieux sanctuaire, se trouve un *mihrâb*, c'est-à-dire une sorte de niche tournée du côté de la Mecque, où les Musulmans, qui tiennent en grand honneur *Sitti Maridm, Madame Marie*, Mère de Jésus, font parfois leurs prières. Il est là, au milieu des divers autels, où officient tour à tour et souvent tous ensemble les Grecs, les Arméniens, et d'autres schismatiques de je ne sais quels rites. En sorte que, dans ce vénérable sanctuaire, consacré à la Mère de Dieu, les catholiques seuls sont privés du bonheur de lui rendre des hommages publics et solennels. Mystère et politique !

Je dois dire cependant, à la décharge et à la louange de nos frères séparés qui font là leurs fonctions sacrées, que, si le genre de leurs cérémonies et leur chant ont quelque chose d'agaçant, comme partout, du moins ils semblent pieusement appliqués, et n'ont pas l'air arrogant et évaporé qu'on remarque ailleurs. Daigne Marie les éclairer !

Notre visite est terminée. Chacun de nous prie de son mieux en son particulier notre bonne Mère ; car nous ne pouvons pas faire là de prière publique, ni chanter nos joyeux *Ave*. Puis nous remontons le grand escalier.

Après avoir monté quelques marches, on nous montre à droite une petite chapelle dédiée à S. Joseph, époux de Marie ; et un peu plus haut encore, à gauche, une autre chapelle, dédiée à S. Joachim et à Ste Anne, parents de la Sainte-Vierge. Une tradition, relativement récente, veut même que là aient été autrefois leurs *tombeaux*.

Arrivés en haut de l'escalier, nous sortons par un porche, orné de colonnettes en marbre blanc à chapiteaux foliés, d'une belle architecture gothique, et nous nous trouvons dans une vaste cour d'environ 15 mètres de côté : c'est le parvis de la Basilique primitive. On le traverse pour aller à la grotte de l'agonie de Notre-Seigneur.

Pendant que nous sommes ici, regardez là-bas, à 50 mètres environ, cette pierre blanche qui est à la jonction des deux sentiers montant au sommet de la montagne des Oliviers. Une légende pieuse prétend que l'apôtre S. Thomas s'y tenait à genoux, dans la désolation de n'avoir pu revoir une dernière fois la Mère du Sauveur, et que Marie, pour le consoler et combler ses vœux, daigna lui apparaître, s'élevant vers les cieux sur une nuée lumineuse. On ajoute même qu'elle aurait laissé tomber sa ceinture entre les mains du saint apôtre, toujours peut-être un peu incrédule, pour le convaincre de sa résurrection. Bon S. Thomas, convertissez les incrédules de chez nous. Il y en a tant.

Et ce monument singulier que nous apercevons là-bas, un peu plus à droite, au-dessus du jardin de Gethsémani, avec ses sept coupoles, surmontées de clochetons bizarres, dont la forme rappelle les têtes des *quilles* de nos jeux d'enfants, c'est une église *impériale* russe, dédiée à sainte Madeleine, construite en 1888 par ordre de l'empereur Alexandre III, en mémoire de sa mère l'impératrice Marie Alexandrovna, qui devait y trouver sa sépulture ; mais son corps n'y a pas encore été transporté.

Ils sont très envahissants à Jérusalem, nos bons amis, les Russes. Ils ont construit tout un immense quartier sur le mont Gareb, où réside une nombreuse colonie moscovite. Ils viennent d'ailleurs en pèlerinage par bandes de plusieurs milliers à la fois chaque année. Ils ont même élevé, sur le point culminant de la montagne des Oliviers, à côté d'une autre grande église, une haute tour stratégique de trois étages, qui domine orgueilleusement tous les environs, et qu'on aperçoit de partout. Cette prétentieuse construction, qui n'a aucun cachet artistique quelconque, est destinée, me suis-je laissé dire, à correspondre avec d'autres constructions analogues, dressées sur tous les sommets qui entourent Jérusalem, dans un rayon de 20 lieues. Aussi la nomme-t-on la *tour espionne*.

Enfin, regardez encore plus haut, par dessus l'église russe de sainte Madeleine, à 500 pas du lieu où nous sommes ;

cette petite chapelle que vous voyez est le sanctuaire du *Dominus flevit*, dont je vous parlerai dans une autre de mes lettres. C'est le lieu traditionnel où Jésus pleura sur Jérusalem, lorsqu'il descendait la montagne, le jour des Rameaux, pour faire son entrée triomphante dans la ville ingrate. De ce point élevé on domine absolument tout l'ensemble des constructions de la ville et du Temple, qu'on croirait pouvoir toucher de la main par dessus la vallée du Cédron, tellement elles paraissent rapprochées.

Tenez, à ce propos, il faut que je vous fasse part, en terminant ma lettre, d'un rapprochement, que la vue de ce sanctuaire du *Dominus flevit*, contemplé du point où nous sommes, près de l'église de l'Assomption de la Sainte Vierge, a imposé pour ainsi dire à mon esprit. La méditation est si facile dans ces lieux bénis!

J'ai là, dans mon Bréviaire, une délicieuse image de Letaille. (pl. 831) qui a pour titre : *Jésus pleurant sur la France.* Le Sauveur est assis, revêtu d'un ample manteau, dont les plis s'ouvrent sur sa poitrine, pour laisser voir son divin Cœur saillant et rayonnant de flammes. Sa tête auguste, nimbée d'une auréole blanche, porte la couronne d'épines. Elle semble accablée sous le poids écrasant d'une angoisse profonde ; le bras replié sur le genou, il la soutient de sa main gauche, qui ploie fatiguée sous le fardeau de la douleur. Son regard, noyé dans une indicible contemplation, est fixé avec amour sur la grande cité, *Paris*, dont le panorama s'étend sous ses yeux, dominé par la colline de Montmartre et la Basilique du Sacré Cœur, estompées d'une vive lumière, tandis qu'au-dessus plane un nuage noir, menaçant, sinistre, que déchire soudain un formidable éclair, dirigé vers la ville. Jésus pleure.... — Mais à ses pieds est agenouillée une femme, en vêtements de deuil. Courbée sur les genoux du Sauveur, elle tient dans sa main droite la main droite de Jésus, et sur sa main gauche elle appuie son propre visage inondé de larmes et sa tête défaillante. C'est Marie.— Au-dessous de l'image, l'artiste a gravé ces paroles : *O mon fils, puisque vous m'avez faite Mère des Miséricordes, je vous demande d'être miséricordieux envers ces malheureux.*

Voilà l'image. Où est la réalité ? est-ce à Jérusalem ? est-ce à Paris ? La scène est aussi vraie ici que là. Là-haut, jadis, à mi-côte du Mont des Oliviers, Jésus pleurait sur Jérusalem : ah ! si tu savais, cité ingrate, les biens que je t'apporte !... Mais non, tu fermes les yeux. Prends garde à l'orage qui va fondre sur toi. — Et il me semble voir Marie se levant soudain de son Tombeau de Gethsemani, se jeter à ses pieds et lui crier : pardon, pardon, pour ces malheureux !

Mais ce n'est plus à Jérusalem, c'est à Paris, c'est en France. Ah ! si tu savais, toi aussi, pauvre pays !... et aujourd'hui encore, malgré tout... ce serait la paix pour toi : *Si cognovisses et tu, et quidem in hâc die tuâ, quæ ad pacem tibi...* (S. Luc, XIX). Pourquoi t'obstines-tu à fermer les yeux et ton cœur à la grâce ? Ne vois-tu donc pas la tempête qui te menace, l'éclair qui déjà déchire la nue ? Et la foudre qui s'apprête à te frapper, et qui va t'anéantir, si tu refuses plus longtemps de profiter de la visite dont mon divin Cœur t'a honorée, nation privilégiée et bénie ?... *eo quod non cognoveris tempus visitationis tuæ.* (Ibid). — Et voilà que de ses sanctuaires sacrés de Lourdes, Pontmain, Notre-Dame des Victoires, etc., je vois Marie s'élancer vers Montmartre, saisir la main de son Fils, s'appuyer sur son Cœur : patience, mon Fils, patience encore un peu de temps, et miséricorde pour ces malheureux !...

Je m'arrête, pardonnez-moi cette digression. Elle vous montrera du moins qu'à Jérusalem je n'oublie pas la France, et que vous m'êtes partout présents. Que Dieu vous ait en sa sainte garde ! *Amen !*   P. B.

Sanctuaire de Sainte Anne. — Nativité de Marie

Je vous écris à bâtons rompus, et quand je peux. Et franchement j'aime mieux vous dire que je renonce à mettre de la suite dans mes récits. A quoi bon d'ailleurs vous marquer jour par jour ce que nous faisons, pourvu que je vous parle de tout ce que nous avons vu, et que je vous fasse visiter avec moi tous les sanctuaires où nous avons prié ?

Aujourd'hui, je veux vous conduire en *Terre française*. Eh oui ! il existe, au sein de la ville de Jérusalem, un assez vaste terrain, plein de souvenirs précieux pour la piété chrétienne, qui porte un des monuments les plus vénérables, et où nous pouvons respirer à l'aise et dire : nous sommes *chez nous*. C'est l'unique terrain cédé *à la France*, à la suite de la guerre de Crimée (1856), par le sultan Abdul-Medjid, pour nous récompenser d'avoir battu nos amis les Russes... pour lui. Il ne fut guère généreux, le bon sultan, ne trouvez-vous pas ?... Et vraiment on est tenté de dire que Napoléon aurait bien pu demander davantage. Nous étions les vainqueurs, on ne lui aurait rien refusé. Mais ce que je lui reprocherais bien davantage, c'est de n'avoir pas profité de l'occasion pour établir un peu d'ordre dans les *Lieux Saints*, et en régler plus sagement l'usage, en mettant à la raison tous ces Grecs fanatiques et arrogants, tous ces *Orthodoxes* russes, si raides et si bruyants. C'était le cas où jamais, ce semble.

Mais enfin, il nous a constitué un *chez nous*. Voyez le drapeau aux trois couleurs de France qui flotte à l'entrée pour nous le rappeler.

Au fait, si restreint que soit ce territoire, il est pour nous sans prix, car c'est l'emplacement de la maison de saint Joachim et de sainte Anne, le lieu béni, où est née notre divine Mère, la Sainte Vierge Marie.

Le gouvernement français, après avoir fait restaurer l'église de Sainte-Anne et ses dépendances, confia la garde de ce Saint Lieu au cardinal Lavigerie, et aux Pères Blancs, qu'il venait de fonder en Afrique. Ceux-ci, sur la demande du Souverain Pontife, vinrent s'y installer et y diriger un petit et un grand Séminaire pour les *Grecs Unis*, c'est-à-dire catholiques, du rite Melchite.

Cet établissement est situé au nord-est de la ville, à une toute petite distance de la porte orientale, la seule qui s'ouvre aujourd'hui sur la vallée du Cédron, appelée par les Pèlerins porte *Saint Étienne*, sans doute parce que ce fut par là que le premier des martyrs fut *poussé hors de la ville* pour être lapidé un peu plus loin, hors les murs ; appelée aussi et plus justement peut-être par les indigènes *Bâb Sitti Maridm*, porte de Madame Marie, précisément parcequ'elle est tout proche du sanctuaire de sa naissance; enfin correspondant à celle appelée du temps de Notre Seigneur, *probatón*, porte des *troupeaux* ou des *brebis*, d'où vint à la célèbre piscine qui touche au sanctuaire Sainte-Anne, et dont je vous parlerai tout à l'heure, le nom de *piscine probatique*, piscine des brebis.

Tout cela se trouve à quelques pas seulement de l'esplanade immense du Temple de Jérusalem, où se dresse maintenant, sur l'emplacement même du *Saint des Saints*, la célèbre mosquée d'Omar, dont il faudra bien que je vous dise aussi quelque chose. Disons tout de suite, si vous voulez, pour corriger certaines idées courantes, que la maison de St-Joachim et de Ste-Anne étant presque contiguë aux constructions entourant le Temple, la petite Marie n'eut donc pas à faire un grand voyage, lorsqu'à trois ans elle alla, sur la permission de ses parents, se joindre aux saintes Veuves et aux Vierges, consacrées au service du Seigneur.

Tandis que je vous fais toutes ces descriptions, je ne vous parle pas de notre pèlerinage à Sainte-Anne. Revenons-y.

Nous y arrivâmes *les premiers*, nos amis de Bourg et moi. Voilà qui va vous édifier. Et en attendant les autres, pour faire notre entrée, nous eûmes tout le temps de voir l'installation du cinématographe, qui se préparait à nous croquer tous sans façon, à notre défilé vers l'église. Vous voyez qu'on sait, comme dit le poëte, mêler l'agréable à l'utile, je me trompe, c'est le contraire *utile dulci*.

Les bons Pères Blancs nous accueillent avec l'affabilité la plus charmante. Ils sont ici une vingtaine de prêtres et une dizaine de frères coadjuteurs. Leur costume est oriental, soutane de flanelle blanche, serrée par une ceinture de cuir, avec chapelet de corail enroulé autour du cou, manteau blanc, drapé sur l'épaule à la manière arabe, et fez rouge, en guise de coiffure. Ce costume les rend très sympathiques aux Arabes. Leur petit séminaire compte une centaine d'élèves et le grand séminaire une quarantaine. Quelques-uns de leurs élèves, parvenus aux Ordres sacrés, les aident dans la formation d'un clergé indigène. Tous ces enfants et jeunes clercs ont une tenue parfaite et très édifiante : et c'est plaisir de voir avec quel entrain ils s'amusent en récréation.

Mais quel est ce personnage tout chamarré de décorations, qui arrive en grande pompe ? Il est précédé de quatre *cawas*, faisant retentir en cadence le pavé sous les coups réguliers de leur canne ou *masse* argentée ; et à sa suite s'avance un nombreux personnel de fonctionnaires, tous plus décorés les uns que les autres, avec broderies d'or sur toutes les coutures, chapeaux à claque et gants blancs. La fanfare du grand et du petit séminaire l'accueille en jouant l'air national français, et tout le monde s'empresse pour lui présenter ses hommages. C'est M. le Consul général de France, *notre Consul*, comme nous sommes fiers de l'appeler, mais notre Consul, qui, grâce à Dieu, et malgré tout, est encore ici le *Consul général*, c'est-à-dire celui de qui relève toujours le *protectorat d'Orient*, devant qui sont portées d'abord toutes les causes intéressant les catholiques même des autres nations que la France. Ah ! les misérables qui voudraient détruire le protectorat, enlever à la France un de ses beaux titres de gloire et celui qui fait toute sa force et son influence en Orient ! Ils ne savent pas ce qu'ils font. Il faut venir ici pour voir la place que tient encore la France parmi les autres nations dans toute la Syrie. La France, pour les Arabes, c'est tout, le reste ne compte pas. Tout pèlerinage qui arrive d'Europe, de quelque pays que ce soit, c'est la France, ils ne connaissent que ça.

Notre Consul est un homme vénérable, de petite taille, barbe très blanche, figure douce et calme. C'est un excellent catholique et qui ne craint pas de le montrer. Avant de se mettre à table, sans hésitation, comme sans forfanterie, ostensiblement et le premier de tous, il fait son signe de croix. Son attitude à l'église, durant les offices, est des plus édifiantes, et il lit dévotement dans son livre d'heures qu'il tient à la main. Il vient d'ailleurs ainsi, chaque dimanche, avec ses secrétaires, en grand costume officiel — semblable à celui de nos préfets — assister à la messe de paroisse : car Sainte-Anne est l'église paroissiale française.

Quand tout est prêt pour la cérémonie, le défilé commence. Les pèlerins sont disposés en ligne sur deux rangs dans la cour d'honneur. Précédé de notre drogman, en grande tenue, et de ses cawas, M. le Consul s'avance le premier, avec toute sa suite, tête nue, à travers nos rangs, et se dirige vers l'église, tandis que la fanfare des Pères Blancs, postée vers l'entrée, fait retentir ses cuivres et joue le plus beau morceau de son répertoire, et que le cinématographe grince, comme un moulin à café, et couvre ses pellicules d'images indiscrètes.

Les petits élèves et les grands séminaristes de Sainte-Anne, tous en costume grec, soutane en flanelle blanche, manteau blanc et fez rouge en guise de coiffure, suivent le cortège, avec leurs maîtres, et les Pères de l'Assomption. Nous entrons après eux dans l'église.

Le Consul occupe la place d'honneur, au bas de l'abside, les prêtres se rangent dans le chœur à droite et à gauche de l'autel, les séminaristes dans la nef de gauche, la chorale dans le transept derrière l'autel ; les pèlerins occupent la grande nef. Et comme nous sommes *en France*, tout le monde a des sièges pour s'asseoir ; ce qui ne se fait pas *en Orient*.

La messe solennelle de l'*Immaculée-Conception* est chantée par un prêtre pèlerin breton, avec diacre et sous-diacre. Les chants sont ceux de l'édition vaticane, parfaitement exécutés par la chorale. On nous remet à tous de petits livrets imprimés, pour chanter alternativement avec les séminaristes les chants communs.

Après l'Evangile, sermon sur l'Immaculée-Conception, par le Révérend-Père Athanase, un peu long peut-être, mais très bien. A l'offertoire, le diacre, après avoir encensé le célébrant, va encenser le Consul, et après l'Agnus Dei, on lui porte également la paix avec l'instrument de paix. Tous les pèlerins laïques font la sainte communion, ainsi que les séminaristes ; c'est très édifiant. On ne voit rien de plus beau nulle part, en France même. Que nous sommes loin ici du régime *neutre, laïque, obligatoire*, etc. !

Après la messe, les Pères Blancs nous offrent un petit déjeuner, que M. le Consul, avec sa femme et sa fille, et toute sa suite, veulent bien partager avec nous, puis on fait la visite des Saints Lieux.

I. *L'église d'abord.* — Elle occupe l'emplacement même de la maison paternelle de la Vierge Marie ; modeste demeure, en partie construite, en partie taillée dans le roc, comme il en existe tant, un peu partout en Palestine.

C'est en ce lieu béni, qui servit d'habitation à S. Joachim et à Sainte Anne, que naquit la divine Marie, de qui devait naître le Sauveur des hommes. Il n'existe plus nul doute sur ce point. Les fouilles récentes qu'on y a faites ont enlevé toute incertitude. C'est bien là, et non à Nazareth, ni à Séphoris, qu'est née l'Immaculée. Quel doux souvenir pour le cœur du pèlerin !

La crypte, qui renferme ce précieux souvenir, s'étend sous le côté droit du transept de l'église. On y descend par un escalier d'une vingtaine de marches. Deux autels presque contigus occupent le fond de la grotte, l'un dédié à la *Nativité* de la Sainte Vierge, l'autre à son *Immaculée Conception.* Sur ce dernier, la Vierge immaculée trône dans une gracieuse niche, dont les pierres fleuries rappellent l'églantier qui enguirlande la grotte de Lourdes.

Deux fois j'ai eu le bonheur de célébrer la sainte messe à cet autel, et j'y suis revenu à maintes reprises prier pour ceux qui me sont chers. On est si bien là pour prier, dans cette petite grotte tranquille, un peu sombre, mystérieusement éclairée par un jour lointain, et les lampes discrètes qui brûlent devant l'autel ! Et il semble qu'en ce lieu on est plus près de la Sainte Vierge que partout ailleurs. A part la grotte de Nazareth, et peut-être le Calvaire, nulle part son souvenir n'est localisé d'une manière aussi précise.

Une ouverture pratiquée dans le rocher à droite de l'autel conduit à une chambrette, renfermant deux *arcosolia* ou sarcophages, où d'aucuns prétendent voir le tombeau de S. Joachim et celui de Ste-Anne, que d'autres placent, au contraire, dans la vallée de Josaphat, vers la basilique de l'Assomption.

L'église supérieure actuelle de Ste-Anne, au-dessus de la

grotte de la Nativité, ne remonte pas, comme la crypte, aux premiers siècles : elle est du xii° siècle, de style roman de transition, restaurée en 1881. Elle est à trois nefs, terminées chacune par une abside ; mais, chose rare, le plan affecte la forme d'un *trapèze*. Sous la vieille coupole, qui domine le transsept, les Pères Blancs ont élevé un riche autel, surmonté d'un magnifique baldaquin de marbre blanc, porté par quatre colonnes de granit rouge. Derrière l'autel, une belle statue de marbre représente sainte Anne instruisant la Vierge enfant.

2. *Le musée.* — La visite de l'établissement n'offre rien autre de particulier au point de vue monumental, si ce n'est une antique colonne corinthienne de 6 m. 50 de hauteur, appropriée au culte chrétien à l'époque byzantine, et qu'on a retrouvée dans le voisinage.

Mais une chose extrêmement curieuse à visiter, c'est le musée biblique, constitué par le P. Cré, dans l'une des salles de Ste-Anne. On y a recueilli une multitude d'objets destinés à faire comprendre les usages et les locutions, indiqués dans la Bible. Il y a là une mine abondante qu'on ne se lasse pas d'explorer, et qui ménage bien des surprises agréables à ceux qui l'étudient. Grâce aux objets qu'elle renferme, on peut voir et toucher une foule de choses mentionnées dans les Livres Saints, et dont on ne saurait, sans cela, se faire une idée exacte. Cela jette un jour singulier sur certains passages qui nous paraissaient jadis bien difficiles à expliquer.

3. *La Piscine probatique.* — Mais hâtons-nous, l'heure du départ approche, et nous avons encore à visiter les fouilles de la fameuse *Piscine probatique*, appelée en hébreu, *Béthesda*, ayant cinq portiques, où Notre-Seigneur guérit le paralytique, nous dit l'Evangile de S. Jean. Elle se trouve à une petite distance N. O. de l'église Ste-Anne, et sur le terrain même appartenant aux Pères Blancs. Ce ne sont encore que des fouilles commencées, et quoiqu'on ait déjà découvert un espace considérable, et deux grands bassins, taillés dans le

roc vif, et séparés par un barrage, on ne peut pas encore se faire une idée de la disposition des cinq portiques où s'étendaient les infirmes. Mais on se rend compte déjà que l'antique et célèbre piscine avait des proportions immenses. L'un des réservoirs déjà découverts a 16 m. de longueur sur 6 en largeur, et il est à 18 m. en profondeur au-dessous du niveau du sol de l'église Ste-Anne. L'eau en est pure et claire. Au-dessus on a trouvé, dans les décombres qui l'obstruaient, les restes d'une crypte d'une petite église du XII° siècle.

Que de choses intéressantes nous réservent (pour notre prochain pèlerinage, si Dieu nous permet de satisfaire cette gourmandise de voyage) les fouilles qu'on fait un peu partout en Terre-Sainte! Celles de la *piscine probatique*, en particulier, m'intriguent.

Mais attendons plus tard d'en reparler. Voulez-vous cependant que je vous dise une curieuse idée qui m'est venue en repassant là, sur les lieux mêmes, l'histoire du *Paralytique de Béthesda* ?

Vous savez que les eaux de la piscine avaient la vertu miraculeuse, à certaines époques, lorsque l'Ange de Dieu les agitait, dit l'Evangile, de guérir le malade qui le premier y descendait alors, quelle que fût sa maladie. Et cet homme, qui était paralysé depuis *38 ans*, n'avait pas eu la chance de pouvoir bénéficier de cette vertu bienfaisante, parce que, dit-il, *je n'ai pas d'homme* pour m'aider à descendre, au bon moment, *hominem non habeo*. (S. Jean, v).

Il n'avait donc point d'ami, le pauvre ?... Que faisaient donc ceux qui l'amenaient là sous les portiques, ceux qui lui apportaient à manger ?... Combien de malheureux dans le monde sont ainsi délaissés, qu'on nourrit de misère, qu'on abrite tant bien que mal sous des portiques officiels, mais que personne ne songe à aider à profiter des secours surnaturels offerts gratuitement à tous par la bonté divine !... Je me figure que le paralytique de Béthesda était confié à l'*Assistance publique*.

Le Maître paraît, et les choses changent à l'instant. « Veux-tu être guéri ? » lui demande-t-il, pris de pitié pour son infortune. — Ah ! si je le veux, Seigneur, je n'attends que cela. — Eh bien ! dit Jésus, « prends ton grabat, et va-t'en. » — Et ainsi fut fait.

Vous pensez peut-être que les gros bonnets de l'Assistance juive applaudirent à ce beau geste ?... C'est mal connaître ces gens-là. Ils firent un potin du diable (pardon) à ce sujet. Comment ! un calotin qui se mêle de guérir nos malades, sans nous prévenir, malgré nos lois, un jour de sabbat ! ! ! C'est trop fort. Pour un peu, ils auraient fait déclarer par le sanhédrin que cela ne valait rien, et condamné à l'amende et le thaumaturge et le miraculé.

Mais celui-ci les envoya bellement promener, c'est ce qu'il avait de mieux à faire, et il se mit, devant tout le monde, à glorifier Jésus, qui continua à répandre ses bien-faits, malgré les prétendues lois et les *quinze mille* de ce temps-là.

Je connais de nos jours une noble malade, paralysée de-puis *38 ans* (1870-1908), qui ne sait comment sortir de cet état. C'est notre chère France. Il y a bien là-bas, dans les Pyrénées, une piscine miraculeuse, dont les eaux bienfai-santes guérissent de temps en temps, plus souvent que celle de Béthesda, les malades qui s'y plongent, quelles que soient leurs infirmités, et dont la vertu merveilleuse atteint autant les âmes que les corps. Des amis essayent bien d'y conduire la pauvre paralytique. Mais celle-ci n'arrive jamais à s'y plonger. Elle attend un *homme*, et l'homme ne vient pas.

Malheureuse France ! Ce n'est pas un *homme* qu'il faut pour te guérir, c'est *ton Dieu* que tu as renié. Ne l'entends-tu pas t'adresser la parole de salut : « Veux-tu guérir ? » — Ah ! si tu savais les trésors d'amour et de puissance que recèle son divin Cœur ! Si tu voulais répondre franchement, résolument, avec confiance : *oui, je le veux !*... De ce Cœur qui t'aime jaillirait aussitôt la parole toute puissante, à la-quelle rien ne résiste : *sois guérie*, et ne pèche plus, de peur qu'il ne t'arrive quelque chose de pire : *Ecce sanus factus es; jam noli peccare, ne deterius tibi aliquid contingat.* (S. Jean, v. 14).

Voilà le vœu que je forme pour la France, là, sous le por-tique de la *piscine probatique*, où fut guéri le paralytique. Et je prie à cette fin l'Immaculée, qui est née là tout près pour nous donner Jésus Sauveur. — Faites comme moi et prions ensemble pour la chère malade.   F. B.

Excursion à Saint-Jean « *in montana* »

Nous rentrons à l'instant de St-Jean *in montana* ; laissez-moi vous raconter cette charmante excursion, à la fois pieuse et pittoresque.

« *Exsurgens Maria... abiit* IN MONTANA... *in civitatem Juda* (S. Luc. I, 39). Marie, se levant, s'en alla dans *les pays montagneux*, dans une ville de Juda. — Et elle entra dans la maison de Zacharie et salua Elisabeth. — Voilà qui vous explique tout de suite ce que c'est que *St-Jean in montana*. C'est la petite patrie de St Jean-Baptiste ; située au sein des montagnes de Judée ; autrefois ville importante, sans doute, aujourd'hui gracieux village, du nom d'*Aïn Karem* ou *Karim*, d'une population de 1,650 habitants, la plupart musulmans : il n'y a que 235 catholiques latins, et environ 200 schismatiques.

Ce lieu est donc célèbre par la naissance du Précurseur du Messie, « *le plus grand des enfants des hommes*, » et par le séjour de trois mois qu'y fit la Sainte Vierge auprès de sa cousine Elisabeth, et que la piété connaît sous le nom de *Visitation de la Sainte Vierge.*

On pourrait aisément y aller à pieds de Jérusalem, la distance n'est que de 6 à 7 kilomètres, et le chemin est si pittoresque, surtout dans sa seconde moitié, du côté de St-Jean. — Mais, que voulez-vous ? On a beau se trouver en Orient, au pays des lentes caravanes, où les gens n'ont jamais l'air pressés ; nous autres, français, à Jérusalem comme à Paris et même à Bourg, nous sommes toujours en fièvre, nous voulons courir, voir vite, *avaler* les kilomètres. Et puis, il faut bien en convenir, avec un soleil qui darde sur les rochers, et... sur nos têtes, ses 35 degrés de chaleur, il fait meilleur en voiture qu'à pieds.

En conséquence, sur les 3 heures de l'après-midi, cinquante voitures à 2 chevaux, quelques-unes à 3, nous attendaient dans la cour inférieure de Notre-Dame de France, enchevêtrées les unes dans les autres, dans le plus parfait désordre, on dirait que ça se tient tout. C'est à faire trembler ; comment cet écheveau va-t-il bien se débrouiller tout à l'heure ?... Mais d'abord comment monter dans ces voitures qui se touchent toutes ?... Ça, c'est votre affaire. — Lss cochers, debout sur leur siège, crient, braillent, vous appellent du geste et de la voix : *Mochu, Madame, mon Père*... bonne cocher, bonne voiture, bonnes cavallos. — Oui, on y va, dit mon compagnon de route, mais en homme avisé, il commence par inspecter un peu la voiture, surtout les ressorts. Il y a plus d'un de ces véhicules qui reviendra fourbu de St-Jean.

Nous voici installés. La caravane s'ébranle ; chaque cocher veut passer devant les autres, les voitures s'accrochent, le drogman se fâche. — Bon ! en voilà une qui recule, que va-t-il arriver ?... c'est un brouhaha indescriptible, les Dames prennent peur, et... peut-être aussi d'autres.

Mais il paraît qu'il ne faut pas s'effrayer ici. Il n'y a jamais d'accident, dit le P. Bailly. De fait nous avons *failli* verser 3 ou 4 fois, mais nous n'avons pas versé. Et nous courons maintenant à fond de train vers St-Jean. C'est l'affaire de trois quarts d'heure.

La campagne est d'abord aride, pierreuse et monotone. Puis, quand nous avons passé le couvent grec de *Sainte-Croix*, bâti sur le lieu où, d'après une tradition, aurait été coupé l'arbre qui servit à faire la Croix de Notre-Seigneur, alors on commence à apercevoir *Aïn-Karim ;* l'aspect du paysage change soudain. De la hauteur où nous sommes, la vue s'étend à l'ouest, jusqu'à la mer, et un vallon verdoyant serpente à notre droite, au fond duquel apparaît et disparaît tour à tour le village de St-Jean, dans un site charmant qui en fait, dit-on, le plus gracieux village de la Palestine.

Mais pour y arriver quelle descente, mes amis ! et par un chemin qui ressemble à une route comme les montagnes à une plaine. A droite, le ravin à pic. On a mis cependant un parapet du côté du précipice. Il est vrai que ce parapet en pierres repose sur le sol sans fondations, en sorte qu'il n'arrêterait rien, en cas d'accident ; et déjà il dégringole tout seul en maints endroits.

Mais, encore une fois, il n'y a jamais d'accident, c'est entendu. Voyez donc plutôt se succéder au fond de la vallée, qu'on nommera un peu plus loin, la *vallée des Roses*, ces fraîches oasis, véritables nids de verdure, dominés par une couronne de rochers abrupts, d'un aspect grisâtre et triste.

Enfin l'horizon s'élargit, et le village de St-Jean nous sourit gracieusement de son site enchanteur.

Arrivés au faîte de la hauteur qui le domine, il nous faut mettre pied à terre, tellement le chemin qui descend est raide et rocailleux.

Nous voici au bas de la pente, près de la *Fontaine de la Vierge*. Un groupe de femmes, les unes tenant leur urne sur l'épaule, d'autres lavant dans le bassin, toutes ensemble caquetant selon l'usage, semblent nous attendre, pour nous rappeler les deux *cousines*, les deux saintes Mères, Elisabeth et Marie, venant jadis comme elles puiser de l'eau et laver à cette même source. — La petite construction qui la couvre est couronnée par une coupole. Toujours plein de respect pour tout ce qui rappelle le souvenir de la Sainte Vierge, *Sitti Mariâm*, Madame Marie, comme ils la nomment, les Musulmans ont fait de cette fontaine une mosquée, un lieu de prière.

Arrêtons-nous un instant. Placez-vous là à côté de moi, et contemplons le panorama splendide qui est sous nos yeux.

Nous sommes sur la pente et au centre du croissant qui joint, en forme de cirque, deux collines aux flancs couverts de vignes, d'oliviers, d'orangers, et autres arbres fruitiers de toute sorte, chargés de fruits. Devant nous descend en cascades et s'enfonce de plus en plus entre les deux collines une vallée étroite, qui devient très profonde, et que vous voyez là-bas, à 2 ou 3 kilomètres, contourner vers la gauche : c'est l'endroit où *commence* le *Désert de St-Jean*, c'est-à-dire la gorge sauvage et cachée, où le S. Précurseur se retira pour y vivre dans la solitude, se nourrissant de sauterelles et de miel, dès l'âge le plus tendre :

Antra deserti, teneris sub annis,
Civium turmas fugiens petisti.

(Hymne de la Nat.)

Admirez les frais jardins, disposés en gradins, qui couvrent ces pentes et nous embaument par leurs mille fleurs. Ils sont sillonnés de très petits canaux et arrosés à volonté par les eaux de la *Fontaine de Marie*, qui coulent de l'un à l'autre, les fertilisent tous en tout temps, et y produisent une abondante variété de fleurs et de fruits : image de la grâce qui du cœur de Marie descend dans toutes les âmes disposées à la recevoir.

La fontaine et les jardins qu'elle féconde, partagent *Aïn-Karim* en deux parties bien distinctes, assises en face l'une de l'autre et se regardant d'une colline à l'autre.

Tournez-vous vers la droite, c'est de ce côté qu'était la maison de Zacharie, vous apercevez là-bas le clocher de l'église de la *Nativité de S. Jean-Baptiste* avec le couvent franciscain qui la dessert. Tout autour de ce centre est groupé, d'une manière fort pittoresque, le village arabe. — Levez les yeux ; du même côté, mais un peu plus loin, sur la crête la plus élevée, étincellent, aux rayons du soleil, au travers de la verdure, les murs blancs de l'établissement des Dames de Sion.

Regardez maintenant vers la colline opposée à votre gauche. Vous voyez, à mi-hauteur, collé aux flancs de la montagne le sanctuaire de la *Visitation*, que domine un clocher carré, avec une église et quelques habitations à côté. C'est le quartier de la colonie russe schismatique.

Je vous entends dire: comment? vous me montrez sur la colline de droite le lieu de la *naissance de Saint Jean*, sur la colline de gauche le lieu de la *Visitation*. Ce n'est donc pas au même endroit que se sont passés les deux faits évangéliques?

Non. Venez avec moi visiter ces deux sanctuaires. Le bon

Père Paul d'Orléans, franciscain français, à l'ardente parole, va nous donner les explications nécessaires et des enseignements fort instructifs sur les usages hébreux.

Nous montons d'abord à gauche au sanctuaire de la *Visitation*. C'est une petite chapelle adossée à une grotte, au fond de laquelle est une source d'eau claire et fraîche, qui aurait, dit la tradition, jailli en ce lieu au moment de la rencontre de Marie et d'Elisabeth. Un quartier de rocher plat et fruste, représentant une forme d'empreinte d'enfant, est conservée dans une niche pratiquée dans l'épaisseur du mur: il provient du *Désert de Saint Jean*, et aurait servi de *cachette* au petit Saint Jean, au moment de la recherche et du massacre par Hérode des Saints Innocents.

Ecoutons maintenant le P. Paul d'Orléans. Pour veiller sur leurs vignes et les défendre contre le renard et les hommes dévastateurs, les Juifs avaient coutume de construire ce que l'histoire appelle des *tours de garde*: 4 murs formant carré de 3 ou 4 mètres de haut, et par dessus une terrasse formée de quelques poutres avec des branchages. Le tout était la plupart du temps adossé à une caverne du rocher. Cette petite construction leur servait de maison de campagne (chez nous, dans le Bugey, on dit plus prosaïquement un *granjon*), qu'ils habitaient au moment de la saison chaude et de la récolte.

C'est ainsi que Zacharie et Elisabeth avaient à Aïn-Karim même, deux habitations: leur maison proprement dite là-bas sur l'autre colline, au centre du village où naquit Saint Jean-Baptiste, et ici, où nous sommes, au milieu de leurs propriétés et de leurs vignes, une maison de campagne ou tour de garde. Et c'est ici qu'il habitaient au moment où la Sainte Vierge vint *visiter* sa cousine: c'est ici qu'eut lieu la rencontre, ici que s'échangea le sublime dialogue des deux cousines, ici qu'elles furent toutes deux très spécialement remplies de l'Esprit Saint, ici que l'enfant d'Elisabeth tressaillit dans le sein de sa mère, sanctifié par la présence et le Cœur du divin Enfant de Marie, ici enfin que Marie *chanta*, si je puis ainsi parler, son immortel *Magnificat*.

Nous ne pouvons moins faire que de nous unir à elle, et

à plein cœur nous chantons le *Magnificat*. Puis, après avoir bu à la fontaine miraculeuse, et visité en hâte le sanctuaire et le couvent adjacent, duquel nous emportons tous comme souvenir, une magnifique fleur de lys vivante, nous revenons sur nos pas, vers la *Fontaine de la Vierge*, et remontons sur la colline opposée jusqu'à l'Eglise de la *Nativité de Saint Jean-Baptiste*.

Là, était la demeure *habituelle* du prêtre Zacharie, appuyée contre la montagne du côté de l'Orient. Une grotte formait aussi une de ses dépendances, comme dans tant d'autres maisons juives. Ce serait, d'après la tradition, dans cette grotte, qui forme maintenant la crypte de l'église, que Ste Elisabeth aurait donné le jour au Saint Précurseur du Messie. C'est dans cette demeure qu'eurent lieu les scènes si touchantes racontées dans l'Evangile, les félicitations des parents, des voisins, la discussion curieuse sur le nom à donner à l'enfant, et enfin la guérison subite du mutisme dont avait été frappé Zacharie, et son cantique d'action de grâces : *Benedictus*.

Nous chantons à notre tour de toute notre âme le Benedictus, et après avoir vénéré ce lieu bénit, et parcouru le couvent, nous montons à travers les bosquets, jusqu'à l'établissement des Dames de Sion qui couronne la colline et surplombe la verdoyante vallée de Sorec. Les *Sœurs de Sion* ont pour fondateur le P. Marie Ratisbonne, célèbre Juif, converti par une apparition de la Sainte Vierge à Rome. C'est ici même, à Aïn-Karim, qu'il est mort; on vénère son tombeau dans le cimetière de la communauté, et on visite sa chambre, laissée telle qu'elle était avant sa mort.

Nous sommes accueillis, avec une touchante sympathie par ces bonnes Sœurs, presque toutes françaises, et par leurs cent orphelines qui parlent fort bien le français, et nous chantent un gracieux *Salut aux Pèlerins*. Puis la plus petite de toutes, une ravissante fillette, qui peut bien avoir de 5 à 6 ans, nous débite à la perfection, en français, un compliment qui nous tire les larmes des yeux.

Le temps pressait, nous rejoignons nos voitures, et en avant pour Jérusalem ! Nous venions de passer une agréable et pieuse soirée... Bonsoir. F. B.

Le Mont des Oliviers

Voulez-vous que je vous conduise aujourd'hui sur le Mont des Oliviers? Nous y célébrerons ensemble la glorieuse fête de l'Ascension, pour la seconde fois, puisque nous l'avons déjà célébrée à Bourg, le 9. C'est qu'en Palestine, quand on est dans un *Lieu Saint*, quel que soit le jour, on y fait la fête du Mystère qui s'y est accompli.

Vous allez être scandalisés d'apprendre que nous faisons l'ascension du Mont des Oliviers *en voiture*... Parfaitement ! de Notre Dame-de-France au sommet de la montagne, par une pente excessivement raide, on peut monter *à pieds* en une heure. C'était bon autrefois, il n'y avait pas d'autre chemin. Mais voilà! Il plut un jour à Guillaume II de faire ce pèlerinage, et, vous le savez, les empereurs de nos jours ne ressemblent pas au pieux Héraclius, qui monta jadis au Calvaire pieds nus, portant sur ses impériales épaules le précieux Bois de la Sainte Croix. Le Kaiser, lui, a voulu monter au Mont des Oliviers *en voiture*, et le bon Sultan de toutes les Turquies s'est empressé de faire à grands frais construire, pour son cher ami et *cousin*, une belle route carrossable, qui contourne la montagne au nord et arrive en pente douce jusqu'au Sanctuaire de l'Ascension. Pouvions-nous mieux faire que de profiter nous aussi de cette royale attention ? — Ne vous scandalisez pas, la vraie raison, c'est que notre excursion comprenait un très long trajet à parcourir, pour visiter tous les souvenirs de cette montagne sainte : l'*Ascension*, le *Pater*, *Bethphagé*, *Béthanie*, l'église de l'Assomption, etc., et notre temps étant très limité, il fallait aller vite.

Nous voilà donc en voiture à 5 h. du matin ; nous traversons la vallée de Josaphat, nous suivons un instant les pentes du *Mont Scopus*, puis remontant vers le midi, nous atteignons la crête du Mont des Oliviers, que nous suivons, jusqu'à la Mosquée de l'Ascension. Le temps est superbe.

Mais où sont les oliviers qui ont donné leur nom à la célèbre montagne? On n'en aperçoit de loin que de maigres échantillons, épars le long des côtes. Je ne parle pas de ceux qui sont au bas de la montagne dans le Jardin de Gethsemani et autour : ils sont nombreux et magnifiques (1). Mais plus haut, il n'en restera bientôt plus. Pourquoi ? Parce que, dans ce pays, le Sultan perçoit des impôts sur chaque pied d'arbres, et pour se soustraire à cette contribution onéreuse, on préfère les laisser périr ou les couper. A leur place, se multiplient les pierres tombales juives.

Nous arrivons au lieu trois fois saint, d'où Notre-Seigneur s'est élevé, pour monter au Ciel. Là un panorama immense et varié se déroule à nos regards. De tous côtés la vue s'étend au loin à de très grandes distances par dessus collines et vallées, et embrasse d'un seul coup d'œil les lieux les plus célèbres dans les annales du genre humain et l'histoire de notre Rédemption.

Du côté de l'Est, le regard plonge sur l'abîme noir, où va s'engouffrer en serpentant la route de Jérusalem à Jéricho, et au fond duquel il découvre, d'une part la ligne verdoyante du cours du Jourdain, d'autre part la surface miroitante de la Mer Morte, également dominées par les monts bleus de Moab et de Galaad, qui ferment l'horizon, évoquant partout en foule à nos esprits vivement saisis, les plus grands souvenirs de l'histoire du peuple d'Israël et de la vie publique du divin Maître. On ne se lasse pas de voir et de méditer.

Au midi, se dresse fièrement, semblable à un cratère éteint l'*Herodium* ou Mont des Francs, au centre même de la Judée, cachant derrière lui le *Désert de Juda*, mais nous laissant voir à sa droite, la célèbre plaine des *Raphaïm* ou des *Géants*, où David battit deux fois les Philistins, et celle des *Pasteurs*, où se déroula l'épisode si touchant de Booz et de Ruth, et où l'Ange vint annoncer aux Bergers la naissance du Sauveur ; puis Bethléem, berceau de Jésus, gracieusement assise à la jonction de ses deux collines ; et par delà Bethléem la fertile vallée de l'*Ouâdi Ourtâs*, paradis de fraîcheur et de fécondité, où Salomon avait son mystérieux

---

(1) Les huit oliviers vénérables et chargés d'ans qui ornent le Jardin de l'Agonie, préexistant à la conquête musulmane, n'ont jamais été soumis à l'impôt.

jardin fermé, arrosée par sa non moins mystérieuse *fontaine scellée*, et par les *vasques* fameuses, alimentant d'eau potable Jérusalem et le temple; puis plus loin le plateau de *Mambré* et la ville d'*Hébron*, berceau du genre humain, dit-on, mais sûrement premier établissement d'Abraham, chef du peuple de Dieu, dont on y vénère le tombeau, etc. Toute l'histoire des Patriarches nous revient à la mémoire; là étaient les lieux de leurs évolutions.

A l'opposé, vers le nord, par dessus le mont Scopus, qui borde en demi-cercle la vallée de Josaphat, nous apercevons, comme une forêt de pics enchevêtrés les uns dans les autres, les montagnes de la Judée et de la Samarie, que dominent au loin les monts *Garizim* et *Hébal*, et tout au fond du tableau le grand *Hermon* à la neige étincelante. C'est le côté des luttes séculaires du peuple de Dieu contre les Chananéens, et de toute la vie apostolique du Messie.

Mais c'est surtout du côté de l'ouest que nos regards sont attirés. Elle est là à nos pieds, à 60 mètres au-dessous, s'étalant dans toute sa royale grandeur que rien ne saurait effacer, la Cité Sainte, la Jérusalem terrestre, l'unique, la divine Sion, avec ses impérissables et immortels souvenirs. Elle est là tout entière : d'un seul coup d'œil nous l'embrassons dans toutes ses parties, ainsi que la vallée profonde de *Josaphat*, ou du *Cédron*, qui l'entoure comme une ceinture au nord, à l'est, et au sud, et la vallée de la *Géhenne* qui l'enserre vers l'ouest, tandis qu'elle se laisse déborder au nord-ouest, sur les pentes du mont *Gareb*, par toute une ville moderne, émaillée d'établissements européens. — Elle est là, paraissant morte et éteinte, depuis qu'elle a vu agoniser là, à nos pieds, à Gethsemani, et mourir là-bas sur son Calvaire, l'Auteur même de la vie. Néanmoins du lieu où nous sommes tout nous parle en elle : Voici au premier plan l'esplanade où s'élevait le fameux *Temple* qui fut sa gloire, unique centre de la religion juive, souillée maintenant par un culte étranger dont la Mosquée d'Omar a pris la place du Temple de Salomon; — voici tout à côté, sur le même plan, à droite, *Sainte Anne*, lieu de la naissance immaculée de Marie, et un peu plus loin la *Voie douloureuse*, avec ses diverses stations, aboutissant au Golgotha et au Saint-Sépulcre ; — voilà dans le lointain à gauche le Cénacle, et à côté les palais d'Anne et de Caïphe, puis en face de nous la Tour de David, sur le mont Sion ; etc., etc. On aime à repasser, en regardant en silence, toute la suite de notre histoire sacrée.

Tandis que nous jouissons du spectacle de ce panorama, unique au monde par son immensité, sa variété, et par les souvenirs précieux qu'il rappelle, toutes nos voitures sont arrivées. Nous entrons dans l'enceinte de la Mosquée, élevée par les Musulmans sur les ruines de la Basilique chrétienne de l'Ascension.

Sainte Hélène avait fait construire là un édifice, « pour honorer la mémoire de l'Ascension du Sauveur ». Il avait la forme de rotonde. Au dire de S. Jérôme, les architectes ne purent arriver à fermer la coupole. Ils laissèrent donc une ouverture au centre, pour montrer la route suivie par le divin Maître s'élevant dans les airs. Il n'en reste que des ruines, ainsi que de sa reconstruction par les Croisés. Le petit édicule octogonal, qui existe maintenant, remonte au moyen-âge : les Musulmans, s'en étant emparés, pour la convertir en mosquée, en aveuglèrent les gracieuses arcades et fermèrent l'orifice central de la voûte. Mais comme ils tiennent Jésus pour un grand prophète, ils respectèrent religieusement le rocher sacré d'où il monta au Ciel et qui avait conservé l'empreinte de ses pieds.

Cette roche bénie, vénérée pieusement par S. Jérôme et Ste-Paule, et baisée par des milliers de pèlerins, est toujours là, mais les vestiges du pied droit se sont effacés avec le temps, ou ont été emportés par fragments, victimes d'une piété indiscrète et mal comprise : l'empreinte du pied gauche seule subsiste encore ; un encadrement de marbre blanc de 0^m,80 de long sur 0^m,50 de largeur et 0^m,10 de profondeur l'entoure et la protège.

C'est en présence et à un pas de ces précieux vestiges que j'ai eu le bonheur de célébrer la Sainte Messe sur un autel portatif, tandis que six autres prêtres célébraient à côté de moi dans l'étroite enceinte, éclairée seulement par l'entrée, et un grand nombre d'autres à l'extérieur, tout autour de l'édicule et dans la cour.

Ne vous étonnez pas de nous voir dire la Messe dans une mosquée. C'est un lieu de prière, et moyennant *bakchich*, les Musulmans accordent tout pouvoir aux chrétiens d'y faire leurs offices pour l'Ascension et à l'occasion des pèlerinages, plus tolérants en cela que beaucoup de baptisés, devenus sectaires.

J'ai donc dit la Sainte Messe au lieu même où Jésus donna ses dernières instructions à ses Apôtres et à ses disciples réunis, où il confirma solennellement la mission qu'il leur avait confiée de prêcher « à toute créature » l'évangile du salut, et d'où il s'éleva, en les bénissant, vers le Ciel, pour aller nous y préparer une place. Il fait bon méditer là ce mystère, et vous comprenez l'émotion du prêtre qui célèbre, lorsqu'il *élève vers le Ciel* l'Hostie Sainte. L'âme, à ce moment, se sent attirée en haut tout entière, et il en coûte, comme aux Apôtres, de redescendre, on voudrait rester là toujours.

Ou plutôt on éprouve l'impression de ce pieux chevalier, dont parle S. François de Sales, à la suite de S. Bernardin de Sienne. Après avoir parcouru la Terre-Sainte et suivi les traces du Sauveur sur tous les théâtres où il avait passé, étant arrivé au terme de son pèlerinage, à Jérusalem, il passa le Cédron, et monta, dit S. François, sur le mont *Olivet.* Et là, voyant les derniers vestiges et marques des pieds du divin Sauveur, qui sont demeurés imprimés sur le rocher, il se prosterna sur icelles, et les baisant mille et mille fois : « ô Jésus, dit-il, mon doulx Jésus, je ne sais plus où vous chercher et suivre en terre... Accordez donc à mon cœur qu'il vous suive et s'en aille après vous là haut ! » Et ce disant, il expira d'amour.

S'il plaisait à Dieu,... tout de même, n'est-ce pas ? — Seulement, vous le voyez, ce sera une autre fois, et en attendant, avec ma lettre, recevez toutes les bénédictions que j'ai pu recueillir là-haut pour vous.

Après avoir assisté à la Sainte Messe et prié au lieu de l'Ascension, plusieurs de nos pèlerins allèrent, à quelques centaines de pas, visiter les établissements russes, et leur fameuse *tour carrée* qui se dresse orgueilleusement au point culminant de la colline. J'avais déjà vu tout cela en 1893, je les laissai aller.

Avec le gros de la troupe, nous nous dirigeâmes vers le Couvent du *Pater*, tout près de là, au Sud, et un peu plus bas que le sanctuaire de l'Ascension.

Tout en cheminant, nous devisons sur les souvenirs nombreux qui se présentent à chaque pas sur la colline sainte. — Voici à droite le monticule qu'on appelle *Viri Galilæi*, parce que c'était le lieu où les Galiléens prenaient gîte et plantaient leurs tentes, quand ils venaient à Jérusalem pour les grandes solennités. Ils s'y trouvaient nombreux le jour des *Rameaux*, et se mêlèrent au cortège qui accompagna et acclama le divin Maître à son entrée triomphale à Jérusalem. — Non loin de là est l'emplacement d'une petite chapelle, détruite en 1882, rappelant une tradition d'après laquelle la Sainte-Vierge, allant un jour prier au Mont des Oliviers, reçut en ce lieu la visite de l'Archange Gabriel, qui lui annonça, que dans trois jours, elle serait réunie à son bien-aimé Fils. — Là, à gauche, s'ouvre dans le rocher un souterrain obscur, conduisant à la grotte dite de *Ste-Pélagie*, où vécut dans la pénitence, et où mourut vénérée, sous ce nom d'emprunt, une célèbre comédienne d'Antioche convertie. — Et bien d'autres souvenirs encore se rattachant à cette colline bénie, et se présentant à chaque pas qu'on y fait.   F. B.

Le Couvent du Pater. — Bethphagé

Nous sommes maintenant au Couvent du *Pater*. Voici son histoire en peu de mots. Notre-Seigneur a enseigné le *Pater* une première fois dans le *Discours sur la Montagne*, en Galilée. (St-Mathieu, VI, 9). — D'autre part, St-Luc (XI, 1), raconte qu'un jour, après un repas à Béthanie, le divin Maître, priant « *en un certain lieu*, » voulut bien, sur la demande que lui fit un de ses disciples, apprendre aux siens à prier, et sa prière n'est autre que le *Pater*, qui semble donc ainsi avoir été enseigné deux fois. Une tradition remontant au XIe siècle localise ce fait à l'endroit où nous sommes. Une église y existait déjà avant les croisades.

En 1860, une noble française, la Princesse *de la Tour d'Auvergne*, acheta ce terrain, y construisit une nouvelle église du *Pater*, et le donna en 1872 aux Carmélites, désireuses de faire un sanctuaire de prière du lieu où le Sauveur avait enseigné l'*Oraison Dominicale*. Cette initiative ne pouvait mieux convenir qu'à des filles de Ste-Thérèse.

La fondatrice, avait eu la pensée, en relevant ces ruines, de s'y préparer un tombeau. C'est pourquoi elle avait fait construire sur le lieu du *Pater* un *Monument*, sur le modèle réduit du *Campo Santo* de Pise.

Tout autour d'une cour rectangulaire située devant l'église, et transformée en un jardin coquettement entretenu, règne un beau cloître gothique de 32 arcades.

Sur les parois du fond de ces galeries, divisées en 32 panneaux, sont incrustées de grandes plaques de marbre émaillées, sur lesquelles est reproduite, en 32 langues différentes, la divine formule du *Pater*, gravée en belles lettres onciales, comme on en voit dans les vieux manuscrits et missels. Le français, après le latin et le grec, y occupe une place d'honneur.

Le sarcophage de la princesse, en magnifique marbre blanc, se dresse au milieu du portique du Sud. Mais ses restes n'y ont pas encore été transférés.

C'est à l'est de ce cloître que se trouve le monastère du Carmel avec l'église, où la prière et la contemplation perpétuelles continuent l'Oraison commencée par le Seigneur.

Plusieurs de nos prêtres pèlerins y célébrèrent la sainte Messe. Je n'eus pas cette satisfaction cette année. Hélas ! on ne peut suffire à tout, les sanctuaires, offerts à notre piété, sont si nombreux ! Mais d'ailleurs, cette joie, je l'avais eue en 1893, et je me souviens encore combien je fus ébahi (j'allais écrire *épaté*, pardonnez-moi), lorsque, entrant à la sacristie pour prendre les ornements sacrés, je me trouvai soudain en face d'une religieuse négresse du plus beau noir que j'aie vu de ma vie : est-ce que son teint avait na-

turellement cet éclat, était-ce sa guimpe blanche qui le
faisait ressortir ? je ne sais ; toujours est-il qu'elle était d'un
noir *luisant*. Je ne pus m'empêcher de sourire en l'aperce-
vant : elle en fit autant et me demanda gracieusement, en
très bon français, si je voulais dire la Sainte Messe, puis
elle s'empressa de me préparer les ornements. Cette année
je n'ai pas revu cette noire fille de l'Abyssinie.

Dès que tous les pèlerins furent réunis, etaprès une courte
visite à la chapelle, un petit déjeûner nous fut offert sous le
cloître du *Pater*. Puis nous assistâmes au Salut du Saint-
Sacrement dans l'église, et le *Pater noster* fut chanté, sur le
ton de la messe solennelle, par toute l'assistance. Jamais je
n'ai été aussi vivement impressionné que par ce chant si
simple pourtant, mais si grave et si majestueux, exécuté
pieusement par cette masse de voix, qui semblaient vi-
brantes d'amour au souvenir du divin Auteur de cette prière
sublime.

Au bas de la grande cour d'entrée du monastère, à droite,
s'ouvre une ancienne grotte ou citerne, transformée en oratoire, sous le nom de *Crypte du Credo*. C'est là, selon une
tradition qui ne paraît pas très ancienne, que les Apôtres,
s'étant réunis avant de se disperser dans le monde pour y
prêcher partout l'Evangile, auraient composé ensemble ce
résumé en douze articles des vérités de la foi, qu'on nomme
le *Symbole des Apôtres*.

Quoiqu'il en soit de cette tradition, ce lieu est riche d'autres souvenirs mémorables. C'est là que le Sauveur aimait à
se reposer, notamment la dernière semaine de sa vie ; après
avoir prêché tout le jour dans le temple, il venait y passer
la nuit. Là encore, il aurait pris son repas d'adieu avec les
Apôtres et les disciples, avant l'Ascension.

Continuant nos visites, nous quittons le Couvent du *Pater*
et nous descendons par un chemin rocailleux, à deux cents
pas plus bas, du côté de la vallée de Josaphat, jusqu'à une
petite chapelle, construite à gauche du chemin. C'est là que
se serait passée la scène, racontée par S. Luc, (XIX, 41-44).
C'était le jour des Rameaux. Notre-Seigneur, monté sur un
ânon, descendait la montagne, entouré de la foule qui l'ac-

clamait, et des pharisiens qui, comme toujours, murmuraient. Arrivé au lieu où nous sommes, et d'où le regard embrasse, d'une manière saisissante, par dessus la vallée de Josaphat, le jardin des Oliviers, et toute la ville de Jérusalem dans son ensemble, Jésus pleura sur elle ; il sanglota, dit le texte grec.

Il songeait, le bon Maître, à l'ingratitude de cette ville, qui allait attirer sur elle de si terribles châtiments : il voyait déjà les armées romaines l'environner, et le camp de Titus s'établir à la place même où il était, pour la dominer. Et Jésus aurait tant voulu la sauver !

On a donné à ce lieu le nom latin de *Dominus flevit* (le Seigneur a pleuré). Nous y prions tout émus pour la France.

Reprenons maintenant notre marche, et remontant à grand'peine vers l'arête du Mont des Oliviers, allons à *Bethphagé*, sur la pente opposée, inclinant vers l'est. Là se trouve, à la jonction de deux chemins, un sanctuaire tout neuf représentant un double souvenir évangélique. La découverte récente d'un bloc de pierre cubique adhérent au sol et couvert sur 4 faces de peintures, rappelant ces deux faits, permet de les localiser d'une manière certaine.

·1° Ce serait d'abord l'endroit d'où Notre-Seigneur partit, monté sur un ânon, pour faire son entrée triomphale à Jérusalem le jour des Rameaux. C'est ici que se forma le cortège qui l'escorta, en l'acclamant, jusqu'au Temple. Vous vous souvenez que tout près de là se trouve le monticule appelé *Viri Galilæi*, où étaient campés les Galiléens, quand ils venaient assister aux Fêtes solennelles. Or, comme le triomphe du jour des Rameaux eut lieu six jours seulement avant la Fête de Pâques, les Galiléens déjà présents ne furent sans doute pas les derniers à glorifier leur compatriote, et à grossir son cortège triomphal. Jésus franchit ainsi le sommet du Mont des Oliviers et redescendit par le chemin que nous suivions tout à l'heure jusqu'au passage du *Dominus flevit*, où il pleura sur Jérusalem ; puis reprenant sa marche il traversa le jardin de Gethsémani, où dans quelques jours il devait commencer sa Passion par une agonie sanglante, passa le Cédron dans le fond de la vallée de Josaphat, et remontant la pente de la colline sur laquelle était assis le Temple, entra dans la ville par la *Porta speciosa* remplacée ensuite par la *porte dorée*.

Il est difficile de concevoir, si on ne l'a expérimenté, quel charme pieux goûte le Pèlerin à suivre ainsi partout les traces du divin Maître sur la terre qu'il a foulée de ses pieds sacrés.

2° Béthphagé est encore le lieu du *Colloque entre Jésus et les deux sœurs de Lazare.*

Le divin Maître, averti de la maladie de Lazare par ses deux sœurs, s'en fut leur apporter ses consolations ; mais il ne vint que 4 jours après la mort de son ami. Parvenu près de Béthanie, il s'arrêta au lieu marqué par la pierre où nous sommes. Marthe, informée de son arrivée, se rendit tout aussitôt près de Jésus, et engagea avec lui ce colloque si expressif, qu'il faut lire, avec tout le reste de cette touchante histoire, en S. Jean, Chapitre XI. Madeleine, prévenue aussi, accourt à son tour auprès du Maître et répète les mêmes paroles : « *Seigneur si vous aviez été ici, mon frère ne serait pas mort !* » — « *Où l'avez-vous mis ?* » demanda Jésus. — « *Seigneur, venez et voyez.* » — Et Jésus, dit l'Evangile, se mit à pleurer. Et bientôt après il rendait Lazare ressuscité à ses deux sœurs.

Nous allons, nous aussi, voir le tombeau célèbre où fut opéré cet éclatant miracle. Pour cela, au lieu de suivre le chemin le plus court, nous contournons, vers le sud, la colline sur laquelle se trouvait très vraisemblablement la *Béthanie* antique, à 4 ou 500 mètres du village d'*El-Azarieh*, où est le tombeau de Lazare, et que l'on a confondu avec Béthanie, au point de lui en donner le nom.

Il fait un soleil de plomb, et l'on commence à se fatiguer. Mais nous sommes à Bethphagé, il s'y trouve comme autrefois de petits ânons. Pour cinquante centimes on en offre à qui en veut, et les jeunes moukres qui les accompagnent ne se font faute de les harceler et de les frapper, au grand désespoir des Dames qui poussent des cris d'effroi.

Pour moi, je suis pédestrement le gros de la troupe. C'est plus vaillant... et plus sûr. Bon ! voilà justement une Dame qui dégringole de son bourriquet. Point de mal. Allons, tant mieux !

Il y a de ces petits incidents curieux dans les excursions. En tout autre lieu, on s'en amuserait aimablement, même un peu au dépens des pauvres innocentes victimes. Ici, on sourit en passant; mais l'esprit est tellement envahi de pensées sérieuses et de vives impressions, qu'on ne s'y arrête pas.

A demain, la suite de ces pensées et impressions de Béthanie.   F. B.

Béthanie et le Tombeau de Lazare

De l'antique *Béthanie*, il ne reste plus rien, sinon quelques vestiges incertains et de vieilles citernes. Mais le site est très pittoresque. On comprend que les Pharisiens aimassent à y construire leurs maisons de plaisance; et il est facile d'évoquer en esprit l'aspect de ce gracieux village d'autrefois, avec ses villas toutes blanches, disposées en amphitéâtro sur les penchants de la colline, éparses, telles des marguerites fleuries, parmi les figuiers, les amandiers, les oliviers, au vert feuillage.

Les pères *Passionistes* ont eu l'idée de réveiller ce passé lointain, en construisant un couvent (à peine achevé), sur l'emplacement le plus probable de l'antique Béthanie. Ils nous offrent en passant la plus charmante hospitalité, et nous présentent des rafraîchissements. Ainsi faisaient jadis en ce même lieu, Lazare, Marthe et Marie, à l'égard de Jésus et de ses apôtres.

Et tandis que ces bons Pères remplissent aimablement l'office de Marthe, il est parmi nous plus d'une Marie, tout heureuse de se reposer, au souvenir du Maître adoré, en repassant avidement en son âme les paroles qu'il laissait tomber de ces lèvres ici, et dont Madeleine se délectait dans l'extase.

Que de délicieuses scènes se présentent à la mémoire! car ici ou là, un peu plus haut ou un peu plus bas, peu importe,

Jésus a gravi les mêmes sentiers que nous, contemplé les mêmes horizons. Béthanie était son oasis parmi les haines qui l'entouraient. Là étaient ses vrais amis, des amis de cœur, heureux de le posséder, de se dévouer pour lui. Aussi comme il se plaisait à les visiter! et que d'entretiens intimes, où s'épanchait son âme, répandant dans leurs âmes les lumières et les saintes aspirations de la vie surnaturelle!

« O maison bénie, s'écrie un pieux pélerin, où que tu sois dans les ruines, je t'adresse ma plus profonde vénération. Tu as été l'asile de l'amitié fidèle, le théâtre de la sainteté héroïque, presque le berceau de l'Eglise naissante. Tu fus le temple où Dieu et l'homme se sont rencontrés cœur à cœur, se sont compris, se sont aimés! »

Et j'ajoute : Pour nous, Français, il se dégage un parfum particulier de ces souvenirs. Il nous semble que c'est pour nous particulièrement, pour la France, que Jésus a aimé, instruit et formé à l'héroïsme et à l'apostolat les grandes âmes de ses amis de Béthanie. Il nous les destinait, et les préparait à leur mission d'apôtres de notre *Provence*, et les flots de divine charité qu'il versait en leurs cœurs, c'était pour qu'un jour ils vinssent inonder notre patrie et y faire germer partout son amour. Il ouvrait son Cœur à Marie, Marthe et Lazare, afin de nous en révéler par eux les secrets à nous aussi, en attendant qu'il vînt lui-même, un jour, dans la suite des temps, nous montrer à découvert, à Paray-le-Monial, ce Cœur Sacré *qui a tant aimé les hommes.*

Ces pensées et bien d'autres nous viennent, en parcourant les sentiers pierreux de la colline privilégiée, où Jésus reposa si souvent ses regards de prédilection. Le site est ravissant. Mais il nous saisit moins que ces doux souvenirs.

Tout en méditant ainsi, nous descendons vers le village d'*El-Azarieh* (Lazarium), que nous entrevoyons là bas à demi caché par les oliviers dans un pli de terrain, autour du tombeau de Lazare.

Il nous semble, en ce moment, faire partie du cortège qui suivait, avec Marthe et Marie, le divin Maître, allant tout ému ressusciter son ami Lazare. Quel souvenir !   F. B.

La loi interdisait aux Juifs d'ensevelir leurs morts dans le sein de leurs cités. C'est pourquoi tous leurs cimetières sont *hors les murs*, et les tombeaux des personnages riches creusés dans le rocher, loin de leurs demeures. Le sépulcre de Lazare ne fait point exception à cette loi. Béthanie était autrefois sur la colline où nous sommes, tout l'indique ; et les tombeaux, celui de Lazare en est la preuve, au bas de la colline.

Mais tout change sur cette terre. Au milieu des guerres successives qui ont ravagé ce magnifique pays, le bourg de Béthanie fut saccagé, détruit. Puis, plus tard, insensiblement il se reconstitua, mais plus bas, autour du tombeau de Lazare, devenu célèbre, et sur l'authenticité duquel il n'y a aucun doute. Voilà ce qui explique comment ce tombeau se trouve maintenant au beau milieu d'un bourg, et comment ce bourg a pu être appelé Béthanie, bien qu'il fût à 4 ou 500 mètres de l'ancienne Béthanie. Cependant comme on avait donné le nom de *Lazarium* au sépulcre vide de Lazare, ce nom fut aussi donné au village, et c'est pourquoi les arabes l'appellent aujourd'hui, en leur langue, *El-Azariéh*.

Nous y voici arrivés sous une chaleur torride. Voulez-vous que je vous en donne une idée ? Ecoutez cette description d'un pèlerin, elle rend parfaitement mon impression : « Supposez une poignée de dés blancs — (dans ces pays, toutes les maisons sont en effet très blanches, avec un simple rez-de-chaussée et une terrasse au-dessus, ce qui leur donne exactement la forme d'un dé), — jetés au hasard sur un coteau à pente rapide, à demi ébréchés, à demi plantés en terre, sans aucun ordre ; et vous aurez l'aspect du village actuel, tout entier musulman, avec une population d'environ trois cents habitants. Des ruelles sordides de malpropreté, puantes, courent entre ces habitations infectes et viennent aboutir à la grande route de Jéricho. » (*Abbé Jacquin*).

Telle est la Béthanie d'aujourd'hui. J'ajouterai seulement que cette description est celle de presque tous les villages arabes de la Terre Sainte. Ça fait pitié, ou comme on dit chez nous, « *ça fait regret.* »

Le tombeau de Lazare est donc là, au centre même de cet

agrégat de répugnants taudis. Je l'ai retrouvé tel que je l'avais déjà vu en 1893; rien n'est changé, pas même, je crois, le musulman, qui se tient à l'entrée pour avoir *bakchich*. Car il faut savoir que, dès la fin du IVe siècle, peut-être avant, on avait élevé en ce lieu une belle église, agrandie encore plus tard, et qui avait pour crypte le tombeau lui-même. Mais elle fut ruinée, et, vers la fin du XVIe siècle, les musulmans transformèrent ces ruines en une mosquée, dont l'accès fut interdit aux chrétiens. Ils murèrent même l'entrée primitive. Et lorsque, plus tard, les Pères de Terre Sainte obtinrent, moyennant bakchich, je veux dire, moyennant une forte somme d'argent, d'aller prier dans ce lieu mémorable, ils durent ouvrir une nouvelle entrée du côté de la rue, où les décombres ont élevé le sol à plusieurs mètres au-dessus du sépulcre, et pratiquer un escalier pour y descendre.

Cet escalier a 26 marches. Pour y pénétrer, il n'y a qu'une petite ouverture très basse, n'ayant guère qu'un mètre de hauteur.

La descente est extrêmement laborieuse. On ne peut descendre que 4 ou 5 à la fois l'*un derrière l'autre*. Il faut d'abord s'armer de misérables bougies, qu'on se procure (moyennant bakchich) à l'entrée, éviter de donner du front contre le linteau de pierre qui surmonte l'ouverture, puis descendre à moitié baissé, sur des marches usées, sur lesquelles on dégringole à plaisir en glissant, et en éteignant naturellement sa bougie, ce qui fait que, naturellement aussi, on n'y voit plus rien, et qu'il faut marcher à tâtons. Et comme les marches sont très irrégulières, les unes plus hautes, les autres plus basses, il faut se résigner à faire beaucoup de faux pas, et parfois à glisser autrement que sur les pieds.

Et comme ce manège est fait par 200 pèlerins, tous plus impatients d'arriver les uns que les autres, comme les premiers veulent remonter avant que les autres soient arrivés en bas, il se fait de curieuses et quelquefois douloureuses rencontres... de trains. Je vous dis que c'est très laborieux.

Enfin on arrive tout de même, et on oublie vite les aventures de la descente, quand on se trouve dans ce sanctuaire ténébreux, où Celui qui est *la Vie* obligea la mort à lui rendre la victime qu'elle y tenait enfermée, dans la corruption et la puanteur du tombeau, depuis quatre jours.

Nous sommes d'abord dans une grotte sombre de 3 mètres de côté, creusée dans le roc : c'est le vestibule, ou *atrium*, comme il en existe dans la plupart des tombeaux juifs, tel celui de Joseph d'Arimathie, devenu le *Saint-Sépulcre*. C'est dans cette sorte d'antichambre, jadis ouverte et à jour, que se tenait Jésus, quand il cria à son ami, d'une voix forte : « *Lazare, sors et viens.* » Cette chambre est absolument nue, mais on y voit de petites absides et une sorte d'autel, qui indiquent un lieu dédié au culte.

De cette première grotte, en se courbant jusque sur les genoux, on descend de trois marches dans une seconde toute semblable à la précédente, mais moins élevée et moins grande : elle n'a que 2 mètres en tout sens. C'est le sépulcre proprement dit. Le corps de Lazare y fut déposé, et, dit l'Evangile, une pierre était *posée sur le tombeau* (S. Jean XI. 38).

Vous remarquerez la différence de ce sépulcre avec celui de Notre Seigneur. Le Saint-Sépulcre, où fut déposé le corps adorable du Sauveur, est en forme de caveau, dans lequel une sorte de banc, taillé à plat dans le roc sur un des côtés, servait de couche funèbre ; et il n'avait pas d'autre ouverture que l'entrée fort basse, pratiquée sur le devant du rocher, et qu'on fermait par une énorme pierre ou meule, roulant dans une rainure. « L'Ange, dit St-Mathieu, *roula* la pierre et s'assit dessus. (XXVIII. 2.) — « Qui nous *roulera* la pierre de *devant l'entrée* du monument ? » disaient les saintes femmes ; « et regardant elles virent que la pierre avait été *roulée.* » (St-Marc, XVI. 2. 4.) — St-Luc (XXIII. 2.) parle de même.

Ici au contraire, le tombeau est creusé dans le roc en forme d'auge, sans ouverture latérale, et la pierre « *était posée dessus* » horizontalement, comme une énorme dalle. « *Soulevez* la pierre, *tollite lapidem,* » dit Jésus aux Juifs qui étaient là. « Ils soulevèrent donc la pierre, *tulerunt ergo lapidem.* » Et Jésus, tout ému, commanda au mort de se lever. On vit alors Lazare se redresser dans son suaire, avec ses bandelettes mortuaires, et une fois délivré de ces liens sortir de la chambre sépulcrale.

Avouez qu'il est impressionnant de se trouver sur le théâtre même de cette incomparable scène, et d'en reconstituer en esprit toutes les circonstances. Et comme la foi se ravive au contact des pierres mêmes, témoins muets et obéissants de ce grand miracle !

Après une rapide mais fervente prière, nous sortons pour faire place à d'autres pèlerins, et nous regrimpons l'escalier.

La visite terminée, nous partons après avoir admiré, en passant, la vieille tour en ruines qui domine le bourg, et rappelle la reine Mélissende, épouse du roi de Jérusalem, Foulques d'Anjou (vers 1135), puis nous redescendons en bas du village, où nous attendent nos voitures, pour nous reconduire à Jérusalem.

Nous suivons pour le retour la route qui monte de Jéricho à Jérusalem, et contourne le Mont des Oliviers le long de la vallée de Josaphat. Nos regards, et nos cœurs surtout, ne peuvent se détacher de cette colline, témoin de tant de merveilles de l'amour de Jésus pour les hommes. Que de fois il en a parcouru les sentiers, respiré les parfums, et que de grâces ont accompagné chacun de ses pas, que de paroles de vie sont tombées de ses lèvres divines, que de trésors de tendresse son Cœur d'ami a versés dans les cœurs qui savaient le comprendre et l'aimer !

D'autres souvenirs bibliques ou évangéliques se mêlent à ces pensées, tandis que nous roulons vers la Cité Sainte.

Tout près de *Lazarion*, voici *Bahurim*, où David, fuyant devant son fils révolté, Absalom, fut vivement insulté par Séméï. — Un peu plus loin, c'est le champ où Notre Seigneur, allant comme nous de Béthanie à Jérusalem, maudit un figuier plein de feuilles, mais sans fruits, image de ceux qui se démènent beaucoup pour rien. — Puis après avoir passé un infect abattoir que l'on a installé, heureusement fort loin de la ville, dans une dépression de terrain, nous longeons à notre gauche le *Mont du scandale*, où Salomon eut la faiblesse et commit la faute d'élever des autels aux divinités de ses femmes. Les Bénédictins ont construit sur ce sommet un vaste *couvent* et un *séminaire*, pour la formation des clercs du rite *Syrien-Catholique*, comme les Pères Blancs l'ont fait pour les *Grecs-Melchites*. — En descendant vers le fond de la vallée du Cédron, nous passons auprès des célèbres tombeaux de Zacharie et de S. Jacques, d'Absalom et de Josaphat, monuments très curieux et du plus haut intérêt, que nous visiterons un autre jour. — Enfin nous descendons rapidement la pente qui aboutit au Jardin de Gethsémani, et au Sanctuaire de l'Assomption, dont je vous ai déjà parlé.

De là, en quelques minutes, nous sommes à Notre-Dame de France. Cette longue et intéressante excursion avait duré toute la matinée.   F. B.

Visites Officielles

1° Chez M. le Consul Général de France.

Sur le soir, on vint ce jour là me demander de me joindre au Directeur du Pèlerinage et à quelques Pères, avec un groupe de pèlerins, pour aller faire une visite officielle à notre Consul Général. Je fus aussi enchanté que très honoré de cette proposition, qui allait me permettre, en rendant mes devoirs au Représentant de la France, protecteur des Lieux-Saints, d'étudier sur place les usages orientaux. Nous partîmes à 6 heures et demie, au nombre d'une dizaine, et fûmes bientôt à la porte du Consulat, installé sur les hauteurs du Mont Gareb, assez près de Notre-Dame de France.

A notre arrivée, nous trouvons les quatre Cawas du Consulat, en tenue de cérémonie, rangés devant la porte. Ils sont revêtus de leur plus beau costume : pantalon bouffant, et jacquette orientale, amplement galonnée, et enrichie de soutaches et d'arabesques aux formes capricieuses. Un immense sabre-yatagan pend à leur côté, et ils tiennent à la main une canne à pommeau d'argent, insigne de leur grave fonction.

Ils nous introduisent et nous précèdent deux à deux, en frappant en cadence le sol de l'extrémité de leur canne, faisant chaque fois avec ensemble un geste élégant, pour relever et avancer d'un pas leur insigne et leur majestueuse personne.

Nous traversons une petite cour intérieure, et, par un escalier appliqué le long du mur, nous montons à l'étage supérieur. M. le Consul nous attendait à l'entrée de son premier salon. Il avait près de lui deux personnages officiels, dont l'un, je crois, est son gendre nouvellement marié. De là, nous passons dans un second salon plus vaste, où il nous fait asseoir en demi-cercle, lui occupant le centre, sur un sofa oriental.

Compliments de bienvenue, extrèmement simples. Puis l'on se met à causer de la manière la plus familière du monde sur la situation de Jérusalem et l'union des Eglises.

Le Consul est très au courant de tout et parle de tous les sujets avec la plus parfaite compétence. Il y a plus de 25 ans qu'il est consul en Orient, à Constantinople d'abord, puis à Jérusalem. Sans affectation aucune, il ne craint pas de montrer ses convictions catholiques, qui se manifestent d'elles-mêmes, dans sa conversation. C'est un homme d'une grande courtoisie et d'une extrême bienveillance.

Au bout d'un instant, les cawas se présentent. L'un offre sur un plateau des cigares et des cigarettes : le Consul le premier allume une cigarette, et nous invite à l'imiter. L'autre circule à la ronde, portant sur un grand plateau une quinzaine de verres, pleins de sirop rafraîchissant, et une dizaine de minuscules tasses en fine porcelaine, dans lesquelles fume un café brûlant et odorant. Chacun prend ce qui lui convient, et la conversation continue, tantôt générale, tantôt en *à parte*.

La visite terminée, on se retire, avec le même cérémonial. Le Consul, en haut de l'escalier, serre affectueusement la main au passage à tous les visiteurs, et attend que nous soyons descendus dans la cour pour nous saluer une dernière fois, tandis que les quatre cawas nous reconduisent jusque dans la rue.

Il y a, dans cette visite pourtant si simple, au Représentant de notre chère France, sur la terre étrangère, une grandeur et une noblesse impressionnantes. Comme cela repose des tristes défiances des relations officielles, dont on est témoin sur le sol même de la Patrie ! Que Dieu protège la France ! *Amen !*

2° *Au Patriarcat latin.*

Le lendemain, visite officielle et *liturgique* à *Sa Béatitude* le Patriarche latin de Jérusalem. Mais cette fois c'est tout le pèlerinage qui se rend en grande cérémonie au Patriarcat.

Depuis 1849, la Palestine et Chypre forment un diocèse régulier, sous la juridiction d'un Patriarche, qui est en même temps *Grand-Maître* de l'Ordre du St-Sépulcre. Le titulaire actuel est Mgr Camasséi, prélat italien. Le clergé patriarcal, composé moitié d'Européens moitié de prêtres indigènes, se dévoue au ministère des paroisses et des missions. Un séminaire indigène est attaché à l'église du Patriarcat.

Je dis l'église : on l'appelle la *Con-cathédrale*, parceque la première cathédrale à Jérusalem est la Basilique du Saint-Sépulcre.

La Con-cathédrale est une très belle église : l'autel est magnifique. Il est artistement décoré pour la circonstance, ainsi que l'église elle-même.

A peine y sommes-nous arrivés, que le Patriarche entre solennellement, précédé de la Croix, de son petit et de son grand séminaire et des prêtres du Patriarcat, formant un cortège d'une tenue et d'une dignité parfaites.

Le Patriarche est de belle taille, la figure grave et douce. Il s'avance en bénissant jusqu'au pied de l'autel, puis il se rend à son trône, où il se revêt des ornements pontificaux ; tandis que les prêtres, les séminaristes, et les enfants des écoles chrétiennes chantent un pieux cantique. La remise et la présentation des ornements par les séminaristes se font avec un ordre et une distinction, que je n'ai rencontrés nulle part. Rien de plus édifiant. Décidément ces bons petits

orientaux nous dépassent et de beaucoup pour les cérémonies : tout, dans leurs actes qui se font posément et avec
une précision impeccable, inspire la piété. Que je voudrais
voir nos enfants de France manœuvrer à l'église avec cette
dignité !

Après le Salut du Très Saint Sacrement, suivi de la bénédiction pontificale, le cortège se retire, et nous le suivons
jusque dans les appartements du Patriarche.

Réception simple et charmante. Mgr Camasséi nous adresse
quelques mots en très bon français, puis il nous bénit de
nouveau. Un court et intéressant dialogue entre le Patriarche et le P. Bailly. Et nous défilons un à un devant sa
Béatitude pour baiser son Anneau, tandis que le P. Bailly
nomme chacun de nous au passage. — « Un prêtre du diocèse
du B. Curé d'Ars, dit-il en me présentant. » — « Ah ! le B.
Curé d'Ars, s'écrie avec un sourire le Patriarche, voilà une
cause qui nous intéresse vivement ». — Et longuement il me
retient près de lui, me demandant des détails sur Ars et le
Saint Curé.

3° Chez les Sœurs de St-Vincent de Paul.

La réception terminée, les pèlerins se rendent chez les
Sœurs françaises de St-Vincent de Paul, près de Notre-Dame
de France. M. le Consul Général nous y avait précédés avec
toute sa famille.

Les *Sœurs de Charité* sont très populaires à Jérusalem,
non seulement parmi les catholiques, mais auprès de toute
la population et surtout des Turcs, qui les appellent les
petites hirondelles du Bon Dieu, à cause de leur cornette ailée.
Aussi font-elles un bien immense dans la Ville Sainte.

Elles logent tout un monde d'une bigarrure étrange dans
leur vaste hospice, depuis les bébés de la crèche, et les or-
phelins des deux sexes, jusqu'aux aveugles et aux vieillards
infirmes. Et tout le monde les adore. Elles desservent aussi
l'hôpital municipal, et donnent leurs soins à la colonie pito-
yable des pauvres lépreux de *Siloé*.

Et comme elles savent faire aimer la France et les français !
avec quelle joie nous fûmes accueillis par tous leurs chers
petits et leurs bons vieux ! quels sourires de bonheur sur

ces faces joufflues de petits anges et sur ces figures souffrantes de vieillards !

Ils avaient préparé, pour nous recevoir, la plus délicieuse des représentations : Scènes enfantines jouées à ravir, comédies diverses de tous les goûts, et même de petits drames touchants ; et tout cela donné dans un langage français irréprochable. De gracieux bébés de cinq ans, de huit ans, nous ont débité, avec une grâce charmante, et sans broncher, leurs petits monologues et leurs dialogues, accompagnés de gestes et de chants. Une dizaine d'aveugles ont joué, avec un brio incroyable, les *Marchands de Paris*. On se serait cru vraiment sur les Boulevards, à les voir arriver, les chers enfants, qui avec une hotte de légumes, qui avec un panier de jolies fleurs, qui avec des jouets de toutes sortes, chacun offrant en son langage pittoresque sa marchandise aux passants et se disputant la clientèle... *Chands de Paris ! qui en veut des fleurs, des oignons, des asperges, des fruits du jour !...*

Ce fut long. Mais on y serait resté toute la journée, malgré la chaleur torride qu'il faisait ! Et de bon cœur nous déposâmes, en partant, notre généreuse offrande pour toutes ces misères si intéressantes, en félicitant les bonnes sœurs de leur dévouement à les soulager, et à faire bénir par leur charité Dieu et la France.

Ah ! qu'ils sont criminels les politiciens haineux qui bavent sur ces saintes filles, et qui ont le triste courage, dans leur folie sectaire, de leur retirer, ou de leur disputer, même les secours dérisoires que l'Etat français leur assurait jusqu'ici d'une main parcimonieuse. Que dis-je ? Ne s'en est-il pas trouvé pour contester les services que rendent ces œuvres charitables et ces admirables dévouements, et pour exalter injustement contre ces congrégations leurs écoles laïques ? C'est tout simplement odieux et c'est antifrançais. Je les attends leurs *laïques*, pour faire ce que font les Sœurs. Je voudrais bien les voir une fois aux prises avec les infortunes de ces misérables populations, pour essayer enfin sur elles leur prétendue philantropie laïque. Je voudrais bien les voir, leurs belles demoiselles, en dentelles et en chapeaux champignons, mettre les rentes que leur fait l'État au service de ces malheureux, laver et panser les plaies hideuses des lépreux, nettoyer leurs taudis infects, et secouer leurs grabats.

Mais il n'y a pas de danger. Qu'ils me montrent seulement des écoles laïques, où l'on apprend à bénir la France, comme celles des Sœurs de St-Vincent de Paul et des Frères des Écoles chrétiennes. Et je les tiens quittes. Non, ce n'est pas le laïcisme qui nous donnera des Frère *Évagre* et des Sœur *Sion*, ces deux types classiques du dévouement et du patriotisme chrétiens à Jérusalem.

4° Chez les Frères des Écoles chrétiennes.

Je viens de parler des Frères des Écoles chrétiennes. Nous n'avons pu faire chez eux qu'une visite rapide. Mais là encore comme on sent bien l'amour de la France !

Leur établissement de Jérusalem, fondé en 1878, est considérable, et sous la forte et sage direction du bon frère Évagre il prend une importance de plus en plus grande, ainsi que leur Noviciat indigène de Bethléem. Aussi ont-ils pu déjà essaimer de leur centre de Jérusalem dans toute la Palestine; ils ont fondé des écoles à *Jaffa*, à *Caïffa*, à *Nazareth*, à *Bethléem*, et partout leurs établissements sont trop étroits pour la foule des élèves qui les envahissent. Le nombre de ces enfants atteint 950. Ils appartiennent d'ailleurs à tous les rites et sont élevés avec le même zèle et le même dévouement, qu'ils soient chrétiens ou non, et tous apprennent la langue française. Voilà de la bonne neutralité.

Je me souviens d'avoir entendu en 1893, à Alexandrie, où les Frères ont un établissement de 1200 élèves, le propre fils du Pacha, un beau jeune homme de 15 à 16 ans, adresser aux pèlerins français le compliment de bienvenue; il le fit avec cœur et avec une émotion profonde, dont nous fûmes vivement impressionnés. A Jérusalem et partout ailleurs, c'est la même chose ; tous ces braves enfants, qu'élèvent les Frères, sont de chauds amis de la France, et ils ne s'en cachent pas.

5° Chez les Sœurs de Marie Réparatrice.

Encore un établissement vraiment français. Fondé en

1888, il compte aujourd'hui 30 religieuses, vouées à l'adoration perpétuelle de jour et de nuit.

Elles habitaient encore, en 1893, une petite maison provisoire sur le Mont *Gareb*, près du Consulat de France. Aujourd'hui elles sont installées dans un magnifique couvent tout neuf, qui fait face à l'hôpital français de St-Louis.

Notre visite officielle a été une grande fête pour ces bonnes religieuses. Nous avons chanté chez elles une grand'messe solennelle, avec sermon et adoration spéciale. Nous les avons comblées de bonheur, c'était visible ; et nous-mêmes étions bien heureux de prendre part quelques instants à leur vie d'immolation au pied du divin Maître.

Je l'avoue, je suis retourné plusieurs fois, dans nos temps libres, faire mon adoration en cette Chapelle. Elle est si pieuse, si recueillie ! Le St Sacrement y est perpétuellement exposé sur un trône artistement dessiné, et à ses pieds, jour et nuit, se succèdent, dans la prière, ces saintes religieuses, semblables en leur vêtement de laine blanche à des anges adorateurs prosternés devant le trône de l'Agneau. Et cela se passe, ne l'oublions pas, à Jérusalem, à deux cents pas du Calvaire.

 6° A l'Hôpital français de S. Louis.

 L'Hôpital S. Louis a été fondé par un Français au grand cœur, le Comte de Piellat : il est desservi par les *Sœurs de S. Joseph de l'Apparition*, dont la Maison-Mère est à Marseille. Cette Congrégation est une des plus répandues en Palestine : elle y possède aujourd'hui 13 établissements importants, dont 3 hôpitaux (*Jérusalem, Jaffa, Nazareth*), 3 orphelinats, comprenant une centaine de petites filles, 2 externats, comptant ensemble 180 élèves, plus 5 écoles paroissiales, fréquentées par 1100 jeunes filles, et autant de dispensaires, où viennent chaque jour plusieurs centaines de malades.

Ces bonnes religieuses sont les amies et la providence des pèlerins, soit à Jérusalem, soit en Galilée. Non seulement elles reçoivent et soignent avec dévouement les pèlerins malades, à l'hôpital S. Louis, mais encore elles accompagnent les pèlerinages dans toutes leurs courses à travers la

Terre Sainte, pour prodiguer aux pieux voyageurs les soins de leur charité en cas de maladie ou d'accident.

L'Hôpital S. Louis est contigu à l'Hôtellerie de Notre-Dame de France, avec laquelle on communique directement par un couloir, et par une cour, ombragée par un sycomore séculaire à l'ombre duquel viennent se reposer les malades hospitalisés.

Nous leur devions bien aussi une visite officielle à ces dévouées servantes du bon Dieu et à leurs chères malades, d'autant plus que l'un des nôtres, un docteur du midi de la France, gravement atteint dès le début du voyage, sur le vaisseau, s'y trouvait retenu et y était admirablement soigné depuis notre arrivée à Jérusalem. Notre visite annoncée était impatiemment attendue de tout le personnel.

Aussi ce fut une vraie fête pour tous, et les nombreux malades nous témoignèrent leur reconnaissance par de touchantes démonstrations ; il semblait que nous leur apportions la santé.

Après les avoir visités tous, l'un après l'autre, un salut solennel du T. S. Sacrement nous réunit à la chapelle, et nous nous retirâmes, emportant avec la bénédiction du divin Maître les remerciements d'affectueuse gratitude des malades, auxquels une quête fructueuse réservait pour la suite de douces gâteries, toujours vivement appréciées.

Mais nous ne partîmes pas sans témoigner, nous aussi, notre reconnaissance à la bonne sœur *Camomille*.

Connaissez-vous sœur Camomille ? Qui ne la connaît pas, à Jérusalem et ailleurs ? Toute la France la connaît, l'aime et l'admire. Son nom a traversé les mers, elle est aussi célèbre que notre immortelle Sœur Rosalie.

Son vrai nom, c'est Sœur Joséphine. Elle est depuis long-temps *Supérieure* de la Communauté de S. Louis, et c'est elle qui, avec une de ses compagnes, aussi intrépide qu'elle, accompagne les pèlerins, dans toutes leurs excursions en Palestine, spécialement en Galilée et en Samarie. Elle emmène avec elle toute une pharmacie, et une charge invraisemblable de sacs de *camomille*, que porte sur son dos un vigoureux chameau, partout où se rend le Pèlerinage.

Quant à sœur Joséphine et sa compagne, aussi habiles cavalières que dévouées hospitalières, elles montent intrépidement d'ardents coursiers, et la cravache en main, la tête couverte du voile protecteur contre les ardeurs du soleil, elles chevauchent bravement en avant de la cavalcade. Au bout d'un certain temps, elles s'arrêtent et comme des capitaines inspecteurs, qui passent la revue de leurs troupes, elles regardent défiler toute la colonne, scrutant d'un regard expérimenté les figures des cavaliers, et s'enquerrant si tout va bien et si quelque blessé ou malade n'a pas besoin de leurs soins. Puis d'un galop rapide, elles s'en vont reprendre la tête du cortège, pour recommencer encore un peu plus loin leur inspection, et ainsi plusieurs fois tout le long du voyage.

Nous étions, en 1893, plus de 500 pèlerins à cheval, et la traversée de la Galilée et de la Samarie dura 8 jours, à travers des chemins impossibles, dans des gorges resserrées de montagnes, ou sur leurs sommets rocailleux. C'est vous dire la fatigue que se donnent ces bonnes sœurs vigilantes pour la santé des pèlerins.

Quand on doit faire une halte pour le repas du jour ou le repos de la nuit, quelques kilomètres avant l'arrivée, elles s'élancent de toute la vitesse de leurs chevaux, et courent en avant au lieu du campement installer leur tente, portée aussi comme celles des pèlerins à dos de chameaux, disposer leur pharmacie, et faire bouillir dans une énorme et vaste chaudière la précieuse *camomille*, afin que l'infusion soit toute prête et bien à point à l'arrivée des pauvres voyageurs plus ou moins éreintés.

Chacun à peine arrivé abandonne sa monture aux *moukres* qui en sont chargés, et s'en va, avec un gobelet, puiser à son gré dans la chaudière le breuvage bienfaisant et se désaltérer à l'aise sans danger de la fièvre.

Cela ne vous dit rien, à vous qui n'avez pas éprouvé la soif d'une journée, passée à cheval sous le soleil brûlant du de l'Orient ? qui n'avez pas respiré l'air desséché de cette terre de feu ? Eh bien ! laissez-moi vous dire que, si vous en aviez goûté tant soit peu, vous ne souririez pas en m'en-

tendant vanter les bienfaits de la camomille et le dévouement de *Sœur Camomille*.

Je n'avais jamais compris cette expression : *respirer du
feu*. Je la comprends maintenant, parceque j'en ai senti la
rigoureuse exactitude. Or, quand on a ainsi respiré du feu
pendant 4 ou 5 heures, et qu'on ne trouve, pour se désaltérer, que du vin alcoolique et tiédifié pour avoir voyagé à
dos de chameau dans des outres de peau de chèvre, ou de
l'eau trop fraîche parfois, qui vous tuerait du coup, ou le
plus souvent de l'eau tiède aussi et saumâtre qui vous don-
nerait la fièvre, je vous assure que la camomille bouillante
est la très bien venue. On lui fait fête, et on s'en désal-
tère à plaisir.

C'est qu'elle est si bien préparée par Sœur Joséphine !
D'abord si le fond du sac se compose de *fleurs* et de *tiges* de
camomille amère desséchées ensemble, il s'y joint un savant
mélange des fleurs les plus aromatiques de la Palestine, et
le tout est discrètement et suavement sucré, en sorte que
vous avez là le breuvage à la fois le plus tonique, le plus
parfumé, et le plus rafraîchissant. Je vous promets de vous
en faire goûter, quand vous viendrez me voir. J'en empor-
terai deux sacs pour les amis.

Et vous comprenez maintenant pourquoi Sœur Joséphine,
qui nous prépare cette boisson salutaire, est devenue pour
l'armée des pèlerins et le monde entier la bonne *sœur Camomille*.

D'ailleurs elle a une confiance illimitée (elle a raison),
dans l'efficacité de ce breuvage oriental. La tente qui abrite
sa pharmacie est bien vite envahie à chaque station du Pèlerinage. — Ma Sœur, un remède s. v. p. ? — Qu'avez-vous?
— Je me suis blessé au genoux en descendant de cheval. —
Bien, allez vite prendre un bon verre de camomille. — Ma
Sœur, le soleil m'a fait mal aux yeux. — Vous n'avez donc
pas mis votre voile? Avez-vous pris de la camomille? —
Oui. — Bien, venez, je vais vous donner quelque chose qui
va vous guérir tout de suite. Mais buvez de la camomille.

Et de fait, elle guérit tout le monde, et tous les maux :
entorses, foulures, maux de tête ou d'estomac, congestion

ou dispepsie, etc., rien ne lui résiste. On a vu des pèlerins mourir à l'hôpital St-Louis, mais en route jamais.

Je vous demande pardon de m'être attardé à vous conter ces vieux souvenirs. C'est un des charmes du pèlerinage. Il fallait bien le dire.

7° Chez les R. R. Pères Dominicains, à Saint-Etienne.

Où en étais-je de nos visites officielles ? Elles ne sont pas terminées. Et je veux vous parler encore de celle que nous fîmes, en grande cérémonie, au couvent dominicain et à l'école biblique de Saint-Etienne.

C'est encore une terre française, comme *Notre-Dame de France* et *Sainte-Anne*. Aussi M. le Consul Général daigna-t-il prendre part à la Fête dont cette visite du pèlerinage fut l'occasion.

C'est même un peu une terre *bressane*, je veux dire, où la Bresse fait bonne figure en la personne d'un de ses enfants, le R. P. Lagrange, de Bourg, exégète distingué, et l'un des professeurs les plus savants de la célèbre école biblique internationale, installée par les R. R. Pères Dominicains sur l'emplacement de la lapidation de Saint Etienne, premier martyr de Jésus-Christ.

Elle est curieuse l'histoire de cet établissement aujourd'hui si important. Le R. P. Mathieu Lecomte, des Frères Prêcheurs, étant venu en pèlerinage à Jérusalem en 1882, Dieu lui inspira l'idée de faire, avec l'agrément de ses Supérieurs, une fondation de son Ordre dans la Ville Sainte. Il y fut autorisé. Il s'agissait de trouver l'endroit et d'acquérir le droit d'y vivre.

Or, vers ce temps-là, dans un terrain assez vaste, possédé par un cordonnier, grec schismatique, non loin de la porte de Damas, au Nord de la Ville, on venait de découvrir les restes d'une petite église. Une inspiration secrète poussa le P. Mathieu Lecomte à acquérir ce terrain. Mais voilà. Ce n'était pas chose facile ; d'abord parce qu'il appartenait à un schismatique ; puis, parce que la même pensée était venue à d'autres d'acheter cette propriété, où l'on soupçonnait vaguement l'emplacement de quelque sanctuaire, peut-être même celui du martyre de S. Etienne. Et en Terre-Sainte, surtout à Jérusalem et dans ses environs, tous les mètres carrés de terre sont regardés comme sacrés et vivement convoités. Là il n'y avait que des ruines.

Le P. Mathieu Lecomte trouva heureusement des auxiliaires, aussi dévoués que prudents et habiles, dans le R. P. Marie-Alphonse Ratisbonne, le converti miraculeux de la Ste-Vierge, et dans le Consul général de France, M. Langlais. Mais ce qu'il fallut de démarches, de diplomatie, et d'énergie, on a peine à le croire. On dut, afin de dépister les malveillances, faire passer la propriété par une « *cascade* » de trois ou quatre acquéreurs successifs, pour arriver à la mettre entre les mains de son propriétaire définitif, le P. Lecomte.

Cependant on en vint à bout. Tout aussitôt le P. Mathieu fit commencer la construction d'un mur de clôture, le long duquel furent établies, de distance en distance, des représentations en pierre taillée des 15 mystères du Rosaire. Il n'eut pas la joie d'en voir la fin : il mourut en 1887. Mais du moins il eut la satisfaction avant sa mort, d'acquérir la certitude que son Ordre possédait bien réellement le lieu de la lapidation de S. Etienne. Les fouilles, faites à l'endroit des ruines de la petite chapelle, firent découvrir des mosaïques très bien conservées, qu'on reconnut être celles de la Basilique élevée par l'impératrice Eudoxie, vers 450, sur l'emplacement même du martyre. Puis bientôt on mit à découvert tout le pourtour des fondations de cette antique église, tandis qu'à une petite distance on trouvait une vaste nécropole, du plus haut intérêt, renfermant des sépulcres juifs et chrétiens, de toute sorte de types, et tous taillés dans le roc vif.

Ces découvertes donnèrent une importance considérable à l'acquisition du P. Mathieu Lecomte. Grâce à des dons charitables et à des quêtes fructueuses faites pour cette Œuvre, les Dominicains purent, sur les fondations mêmes de l'ancienne Basilique, élever une nouvelle église, belle et grandiose comme celle qu'elle remplace, et à son ombre un vaste couvent, avec une école maintenant célèbre, où l'on enseigne aux étudiants ecclésiastiques et religieux du monde entier, qui veulent en profiter, la science d'Etienne et de Paul, la science des Saintes Ecritures.

Notre illustre P. Lagrange était Prieur de ce couvent et Directeur de l'école biblique, en 1893, quand je les visitai pour la première fois, et c'est lui encore qui, cette année (1907), en l'absence de son premier Supérieur, a reçu la visite officielle de notre Pèlerinage, et nous a fait les honneurs de la maison, avec son urbanité distinguée et sa bonne grâce bien connue.

Comme nous étions heureux de nous trouver là en terre française, avec notre Consul Général au milieu de nous, en tenue officielle, avec sa maison tout entière, et assistant pieusement à la grand'messe du Pèlerinage ! Au déjeuner qui suivit, le R. P. Lagrange lui tourna un gracieux compliment, et, s'adressant aux Pèlerins, il tint à leur dire qu'on avait tort, en France, de croire que le *Protectorat français* de Terre-Sainte avait vécu ; ce que vous voyez ici aujourd'hui, déclara-t-il, vous est un témoignage éclatant que le Consulat n'abandonne ni ses droits, ni ses devoirs.

La visite aux vieilles nécropoles, découvertes dans l'enclos de *St-Etienne*, intéressa vivement tout le monde. Ces grottes funéraires, qui rappellent en petit les Catacombes de Rome, nous retracent, par leur diversité, la série des siècles qui sont venus successivement marquer leur empreinte dans la pierre. Elles font suite à cet ensemble de souterrains curieux, qu'on appelle les *grottes de Jérémie* et les *cavernes royales*, immense excavation irrégulière qui se poursuit à 200 mètres de profondeur sous la colline appelée *Bézétha*. On y voit de *grandes salles*, dont la voûte est soutenue par des piliers naturels, se succédant dans l'épaisseur du rocher. Une légende, sans preuves, rapporte que c'est de cette colline et du fond de l'une de ces cavernes, d'où la vue peut contempler l'ensemble de la ville de Jérusalem, que le prophète Jérémie aurait fait entendre ses douloureuses *lamentations*.

L'anglais Gordon-Pacha, avant d'aller se faire tuer à Karthoum, en 1884, avait imaginé de placer sur ce monticule le théâtre des scènes de la Passion du Sauveur, et, depuis ce temps, des protestants y tiennent, paraît-il, des réunions cultuelles, et pour mieux attirer des clients, ils offrent le thé aux assistants.

A une petite distance au Nord de St-Etienne, sur le chemin qui conduit à Naplouse, en Samarie, se trouvent d'autres grottes plus curieuses encore, qu'on désigne sous le nom de *Tombeau des Rois*. C'est la plus belle des nécropoles antiques de Jérusalem. On y descend par un escalier monumental, dont les 27 marches ont jusqu'à 3 mètres de largeur sur une longueur de 9 à 10 mètres, et se terminant par une vaste cour carrée, qui mesure 27 mètres de côté avec une profondeur de 7 à 8 mètres au-dessous du niveau du sol environnant. Et tout cela est creusé dans la roche vive.

Sur cette cour] s'ouvre] une série de chambres funéraires qui rappellent assez bien, l'une surtout, la forme du Saint-Sépulcre. On y voit encore en place une de ces *grosses pierres en forme de meule*, qu'on roulait, dans une rainure, devant la porte basse et étroite servant d'ouverture à chaque tombe. C'est ainsi qu'était fermée l'entrée du Saint-Sépulcre, et c'est pourquoi les saintes femmes, le matin de la Résurrection, se disaient entre elles : « *Qui nous roulera la pierre qui ferme le Sépulcre ?* »

J'aurais bien du plaisir à vous décrire ces singuliers mo-monuments du temps des Rois de Juda.. Mais il faut finir. Je vous raconterai le reste de vive voix. Adieu.   F. B.

Le Mont Moriah

Je veux vous conduire aujourd'hui au lieu le plus anciennement célèbre de l'histoire des Hébreux, sur le *Mont Moriah*.

Vous savez déjà que Jérusalem est bâtie sur deux chaînes de collines, inégalement hautes, qui courent parallèlement du Nord au Sud, séparées entre elles par un pli de terrain très accentué (le *Tyropœon*), et débordées à l'Est et à l'Ouest par deux vallées profondes qui se rejoignent au Sud, enveloppant ainsi la Ville Sainte de trois côtés, comme par d'immenses fossés, creusés en abîmes, et connus sous les noms de vallée de la *Géhenne* et vallée de *Josaphat*. Le mont Moriah est le contrefort qui termine l'une de ces deux chaînes, celle qui est à l'Est, et qui domine la vallée de

Josaphat, au fond de laquelle coule le torrent de Cédron.

D'aucuns prétendent que c'est sur le Moriah qu'Abraham fut conduit par l'esprit de Dieu pour accomplir son *sacrifice*, le jour où Dieu, voulant l'éprouver, lui ordonna de lui immoler son fils unique Isaac. — Là aussi Melchisedech, prêtre et roi de Salem, aurait offert le pain et le vin d'actions de grâces, figure de la divine Eucharistie. — Là enfin David vit l'Ange exterminateur menacer la ville de Jérusalem, en punition de la faute de son roi, dont la vanité avait irrité le Ciel. Humilié et contrit, David monta sur la colline, et offrit des holocaustes en expiation, et Dieu daigna lui pardonner.

Dès lors, le mont Moriah fut destiné à porter le Temple de Jéhovah, où devaient plus tard s'offrir, dans la suite des siècles, les sacrifices de la Loi judaïque, et dont la construction était réservée à Salomon.

Le Temple de Jérusalem

Vous pensez bien que je ne veux pas vous décrire ce Temple fameux, le plus célèbre dans l'histoire du monde. Je veux simplement vous rappeler, à grands traits, les métamorphoses diverses par lesquelles a passé cette colline, sur laquelle nous allons faire une rapide visite.

Le Temple, bâti par Salomon en ce lieu avec une si grande magnificence, dura à peine 380 ans (968 à 588 avant J.-C.). Il fut incendié par Nabuchodonosor, puis, après l'exil, péniblement relevé de ses ruines ; mais les vieillards, qui avaient vu les splendeurs du premier Temple, ne pouvaient retenir leurs larmes, à la vue du pauvre édifice qui le remplaçait. Hérode l'Iduméen, voulant plaire aux Juifs pour se faire pardonner son origine étrangère, entreprit de rendre au Temple son antique magnificence ; c'était dix-huit ans avant la naissance de Jésus-Christ. Il y employa jusqu'à dix mille ouvriers à la fois. Les proportions du sanctuaire primitif furent gardées, et les dispositions traditionnelles du Temple observées, mais les parvis et les portiques furent élargis et agrandis.

C'est à cet effet que l'Esplanade fut considérablement

étendue. La plateforme qui portait le Temple, et qui sur trois côtés était déjà artificielle et soutenue par des murs en blocs énormes, appelés *Salomoniens*, que l'on voit encore, avait une forme à peu près carrée, d'environ 180 mètres de côté. L'Iduméen doubla cette surface, en allongeant l'enceinte vers le Sud et vers le Nord. L'enceinte ainsi étendue est aujourd'hui presque ce qu'elle était alors. Elle forme un *trapèze irrégulier* d'environ 500 mètres de longueur sur 300 de largeur. Le Temple en occupait à peu près le centre.

Ce qu'on appelle le Temple de Jérusalem, centre de la religion judaïque, et le seul lieu où les Juifs pussent offrir leurs sacrifices rituels et célébrer leurs Fêtes religieuses légales, ne ressemblait en rien à nos églises chrétiennes. Il consistait en un sanctuaire composé de deux parties : — le **Saint**, vaste salle rectangulaire de 20 m. de longueur, sur 10 de largeur et 15 de hauteur, plafonnée en bois du Liban, renfermant l'*autel des parfums*, 10 *candélabres à 7 branches*, 5 *tables d'or* pour les *Pains de proposition*; — et à la suite, le **Saint des Saints**, chambre complètement obscure, formant un cube de 10 m. de côté, au milieu de laquelle, sur une table d'or, était placée l'*Arche d'alliance*, petit coffre en bois de cétim (de 1 m. 30 sur 0 m. 78), contenant les *deux tables de pierre de la loi*, la *Verge d'Aaron*, et une urne d'or pleine de *Manne*.

Voilà tout. Mais ce Sanctuaire était entouré de trois cours concentriques, séparées les unes des autres par des murailles bordées de portiques tout autour, et communiquant par des portes monumentales. C'était ce qu'on appelait les *Parvis*. L'enceinte entourant immédiatement le sanctuaire portait le nom de *Parvis des prêtres*; les prêtres seuls pouvaient y pénétrer pour y offrir les sacrifices. La seconde enceinte qui enveloppait la précédente, excepté du côté de l'ouest, s'appelait le *Parvis d'Israël*; elle était réservée aux Juifs, avec une partie spéciale pour les femmes juives. Enfin, entourant celle-ci, était l'immense cour appelée le *Parvis des Gentils*, où les païens pouvaient entrer et amener eux-mêmes les animaux qui devaient servir aux sacrifices. C'est de ce parvis, devenu un véritable *marché*, que Jésus chassa les vendeurs du Temple.

De toutes les constructions de ce Temple fameux, selon la prédiction du divin Maître, il ne devait pas rester *pierre sur pierre*. Il fut entièrement détruit par Titus en l'an 70.

L'esplanade resta déserte pendant 65 ans. En 135, l'empereur Adrien la transforma en *Capitole*, en souvenir de Rome, et fit élever sur l'emplacement du Sanctuaire Judaïque un temple à *Jupiter Capitolin*. En 363, Julien l'apostat, modèle et patron de nos modernes persécuteurs, entreprit, afin de donner un démenti à la prophétie du Christ, de rebâtir le Temple de Salomon. Dieu se moqua de lui ; quand ce Briand antique eut, en creusant les fondations de l'édifice qu'il voulait construire, arraché les dernières pierres de l'ancien Temple qui tenaient encore ensemble, des tremblements de terre et autres prodiges célestes empêchèrent tout travail. On dut y renoncer. Et ainsi Julien, qui voulait faire mentir le Christ, fut justement l'instrument dont le Christ vainqueur se servit pour accomplir sa prophétie, en ne laissant pas *pierre sur pierre* du vieux Temple. De même en fut-il et en sera-t-il toujours. Tel Julien moderne au petit pied, qui voulait tuer l'Eglise en France, en brisant stupidement le *Concordat*, pour y substituer une Eglise *cultuelle* de sa façon, se trouve d'avoir été contre son gré l'instrument qui a libéré l'Eglise de France, en supprimant le lien qui l'étranglait et en faisant éclater aux yeux du monde entier son indestructible vitalité.

La Mosquée d'Omar

Après Julien l'Apostat, les Juifs eux-mêmes durent abandonner l'emplacement de leur ancien Temple, qui devint, pour un temps, le réceptacle des ordures de la ville. Voilà ce qu'on devient, quand on rejette Dieu.

C'est dans cet état ...mentable que le Kalife musulman *Omar* trouva, en 638, l'Esplanade du Mont Moriah. Il commença par déblayer de *ses propres mains* ce lieu jadis si saint ; puis il en fit de nouveau un lieu de prière, mais pour les disciples du Coran, et cinquante ans plus tard on y construisit la belle mosquée qui porte son nom, et qui est pour les Mahométans l'endroit le plus sacré de la terre, après *la Mecque*. Ils l'appellent : *El Qoubbet es Sakhra*, le Dôme du Rocher, parce qu'elle a pour centre le rocher sur lequel s'élevait jadis l'*autel des holocaustes* du Temple de Salomon. Or, d'après la légende musulmane, c'est de là que Mahomet, monté sur *el Bourdq*, sa magnifique jument dont lui avait fait présent l'Archange Gabriel, s'élança vers le Ciel. Il paraît même qu'à ce moment le rocher se remua pour suivre le prophète ; heureusement l'Ange Gabriel était là ; de sa main puissante il l'arrêta, et conserva ainsi au monde cette roche sacrée. On comprend la vénération que les fils du Prophète lui ont toujours témoignée dès lors.

Les Croisés, s'étant emparés de la Mosquée en 1000, la transformèrent en église, sous le nom de *Templum Domini*. Mais la victoire de Saladin en 1187 la fit retomber définitivement au pouvoir des Musulmans.

C'est un édifice superbe, chef-d'œuvre de légèreté et d'élégance, de luxe dans ses décorations et d'harmonie dans ses proportions. Elle forme un *octogone régulier*, inscrit dans un cercle de 51 mètres de diamètre, divisé par deux rangées concentriques de *colonnes* monolithes en marbre précieux, et couronné par une coupole élancée de 21 mètres de diamètre, avec des *mosaïques byzantines* du plus haut intérêt, et de très curieux *vitraux*. L'extérieur est recouvert de *faïences bleues* qui produisent un grand effet.

Excursion et Visites sur le Mont Moriah

Arrivons à la visite que nous fîmes à ces lieux célèbres.

Nous voilà partis en voiture. Où nous mène donc notre cocher ? Impossible de le savoir : il ne connaît pas un mot de français, nous ne pouvons le comprendre, et il va, il va, à travers des rues borgnes, étroites, ineffablement malpropres, au fond de la vallée du Tyropœon. Aucun de nous ne peut se rendre compte du trajet qu'il nous fait suivre. On ne rencontre pas âme qui vive. C'est que, nous l'avons su ensuite, nous étions en plein quartier juif, et le jour du sabbat.

Enfin notre cocher s'arrête à l'entrée d'une large rue entlè-rement couverte, et nous fait signe de descendre; puis, sans façon, il tourne bride et part. Tirez-vous en comme vous pourrez. Nous entrons résolument dans cette sorte de rue absolument déserte, et un peu plus sale encore que les au-tres. De chaque côté, tout le long de la rue, des portes de magasins fermées, on dirait une suite ininterrompue de placards ; de loin en loin les portes, mal closes ou éventrées, nous laissent apercevoir des chenils infects, où s'étalent toutes les horreurs de la malpropreté. Cela s'appelle, à ce qu'il paraît, le *basar du coton (Souk el Kattanîn)*, depuis longtemps d'ailleurs abandonné. Mais, vrai, ça ne sentait pas le coton, oh ! pas du tout.

Au bout de la rue, un escalier de pierre, fermé en haut par une porte, et à la porte, un gardien qui nous barre le passage, assez poliment cependant. Que faire ? Attendons un instant ; nous sommes partis des premiers, sans doute les autres pèlerins vont arriver. Mais point. Nous essayons de parlementer par gestes. Inutile. Le gardien impassible ne bouge pas. La situation devenait critique, quand tout-à-coup le brave gardien ouvre sa porte toute grande et nous invite à monter, tout en nous montrant dans le lointain une foule qui s'avance. C'étaient nos pèlerins qui arrivaient par un autre chemin. Nous allâmes aussitôt les rejoindre.

Nous étions sur la célèbre esplanade du Mont Moriah, appelée par les Arabes *Haram-esch-chérif* (enceinte sacrée). Il y a cinquante ans, le chrétien qui se serait aventuré sur cette esplanade eût été massacré ; et aujourd'hui encore, un juif qui oserait pénétrer dans ce lieu, saint entre tous pour les disciples de Mahomet qui détestent les Juifs, n'en sorti-rait pas vivant. Depuis la guerre de Crimée, les *bakchichs* ouvrent aux chrétiens non seulement l'esplanade, mais aussi les deux mosquées qu'elle renferme. Seules, les Filles de la Charité, les Sœurs de St Vincent de Paul, adorées partout à Jérusalem, y passent quand elles veulent, sans bakchich, et sans autorisation. Le Consul Général de France, Protecteur officiel des catholiques d'Orient, s'en verrait refuser l'en-trée, s'il n'était pas accompagné de son *cavas*. Une Sœur de S. Vincent de Paul peut se présenter, quand elle voudra, seule, ou avec d'autres personnes ; toutes les portes lui sont ouvertes, et nul besoin d'être accompagnée par des cawas, elle peut aller et conduire qui elle veut partout. La cornette blanche est enveloppée d'une auréole toute divine, celle de la charité : Turcs, Juifs, Arabes, Grecs, ou Catholiques, tous la vénèrent.

Notre pèlerinage cependant n'avait pas de Filles de la Charité ; mais, moyennant bakchichs, il avait une permission en règle pour ses visites, et, par surcroît, des cawas pour le conduire. Et voilà pourquoi le gardien de la Porte *du Coton*, n'hésita pas à nous laisser passer, quand il vit apparaître au loin nos compagnons et leur escorte.

⁕

La visite commence. Je vous ferai grâce des explications que nous servent, avec un dévouement inlassable et une érudition attestant de sérieuses études, ces bons petits Frères de l'Assomption qui nous guident par groupes. Leur zèle est digne d'éloges et mériterait plus d'attention : mais vraiment, à part quelques têtes originales, la plupart des Pèlerins n'ont que faire de toutes ces discussions historiques, de toutes ces opinions diverses ou successives sur les pierres que nous voyons. Ces choses peuvent se lire avec intérêt dans les guides, avant ou après ; mais quand on est sur place, on n'a ni le temps, ni le goût d'entendre ces dissertations. Je livre cette impression qui est générale, non pour critiquer, mais pour contribuer à amener, s'il y a lieu, un changement de méthode pour ces visites de pèlerinages à Jérusalem.... ou ailleurs.

Nous voici au beau milieu de l'Esplanade, qui fut, pendant onze siècles, le théâtre de la vie religieuse de ce peuple qui s'appelait lui-même le *peuple de Dieu ;* où l'on accourait de toutes les parties de la Terre-Promise et même du sein des *nations*, pour célébrer les Fêtes de Jéhovah! où l'on voyait, dit-on, jusqu'à deux millions de personnes venant sacrifier tour à tour, au temps des solennités de la Pâque.

Hélas ! *Quomodo sedet sola, civitas plena populo?* Quel désert ! quelles ruines ! Des rochers nus, des pavés de marbre blanc, des débris de colonnes, au travers desquels croissent ça et là quelques oliviers, des cyprès, entourés d'un gazon maigre, desséché, fleuri par de rares et poussifs coquelicots ; puis épars un peu en tout sens, quelques petits édicules curieux, entourant ici mosquées, avec, sur les côtés, des habitations de gardiens, des tombeaux de *Santons* (saints musulmans) et des portiques : voilà ce que nous voyons et visitons successivement.

Mais ce que nous ne voyons pas nous intéresse bien davantage. Nous sommes sur des lieux saints, où Notre-Seigneur est venu si souvent avec ses Apôtres.

Voici, autant qu'on peut en juger, l'emplacement des *Parvis* du Temple et des portiques qui les entouraient. Ici, peut-être à la place où nous sommes, Jésus à douze ans, étonnait, par la sagesse profonde de ses réponses, les docteurs de la Loi, qui expliquaient les Ecritures sous les Portiques. Là, était le Portique de Salomon, ici le Parvis d'Israël, où le divin Maître enseignait tour à tour, discutait avec les Pharisiens qui se retiraient confondus, et prêchait à la foule sa doctrine de charité, empruntant le sujet de ses entretiens aux scènes variées qui se déroulaient sous ses yeux ; ici passait la pauvre veuve qu'il vit déposer modestement ses deux oboles dans le tronc *(gazophylacium)* suspendu à ce portique ; là se tenait, confuse et repentante, la femme adultère amenée devant lui, et ce sable que nous foulons est peut-être celui sur lequel Jésus écrivait de son doigt divin sa confession, tandis que ses accusateurs humiliés s'en allaient les uns après les autres ; sur l'emplacement de cet escalier situé devant la Mosquée se prosternait l'humble publicain, alors que le pharisien orgueilleux se dressait fièrement là-bas près du sanctuaire, etc.

Puis les souvenirs de la Grande Semaine de la Passion affluent à notre mémoire. Nous avons devant nous la *porte orientale,* par laquelle le divin Rédempteur fit son entrée triomphale, au milieu des acclamations de la foule, le jour des Rameaux, et par où il repassait chaque soir pour traverser la vallée du Cédron, et regagner par le Mont des Oliviers, qui se dresse en face de nous, la demeure hospitalière de Béthanie, à 3 milles de Jérusalem. C'est dans un de ces retours au Temple, que Jésus répondit avec mélancolie à l'un de ses disciples, lui faisant remarquer et lui vantant la merveilleuse beauté du monument : « *De tout ce que vous voyez il ne restera pas pierre sur pierre.* » Et nous avons sous les yeux l'inexorable réalisation de cette prophétie.

.

Mais tandis que nous faisons toutes ces réflexions et bien d'autres, nous voici arrivés à l'entrée de la Mosquée d'Omar. Avant d'y pénétrer, on nous oblige à une bien désagrable opération. Il ne faut pas rire de la chose elle-même ; car elle atteste le respect des Musulmans pour le lieu saint. Mais les détails ne manquent pas de pittoresque.

On ne permet à qui que ce soit d'entrer dans les mosquées, surtout à Jérusalem, *sur ses chaussures.* Inutile d'essayer, on se ferait assommer. Il faut ou les quitter tout simplement, ou bien enfiler ses souliers dans des espèces de babouches, que divers *industriels* mettent à votre disposition, moyennant *bakchich,* bien entendu, et le plus cher possible. Un certain nombre de pèlerins s'empressèrent d'adopter ce dernier mode. Mais les babouches manquant, force fut bien aux autres d'adopter le premier. J'étais dans ce cas. Je quittai donc mes souliers, résigné, puisqu'il le fallait, à marcher sur mes bas. — Et vos souliers, qu'en fîtes-vous ? demandera quelqu'un. — Ce que vous en auriez fait vous-même certainement ; car il n'y a pas d'autre parti possible. Eh bien ! oui, nous prîmes nos deux souliers à nos mains bravement et nous entrâmes. Comme nous étions cent cinquante peut-être, hommes ou femmes, à pontifier de la sorte, le coup d'œil ne manquait pas de solennité. On ne voyait plus là cependant, comme autrefois, *l'autel des parfums,* mais les parfums y étaient. Quant à nos bas, rassurez-vous, ils n'eurent point à souffrir. Le sol de la Mosquée est tout entier recouvert de belles nattes tressées, parfaitement propres.

Oublions ces détails. On n'y songe plus, dès qu'on se trouve dans cet incomparable monument, merveille d'art et source de souvenirs divers, pleins de mystérieux contrastes.

Là, sous la superbe coupole, brillamment éclairée, au centre même de la rotonde, se détache en relief du sol, de 2 mètres environ, le vénérable rocher *(es Sakhra)*, sur lequel se sont accomplies tant de choses, depuis plus de 3 mille ans. Il est entouré d'une belle grille en fer doré, qui est une œuvre des Francs. Sa surface, absolument nue, irrégulière et tourmentée, comme celle des roches qu'on voit aux flancs des montagnes, forme un singulier contraste avec la richesse des décors qui l'environnent, et de la coupole qui l'abrite comme un reliquaire.

Je vous ai déjà rappelé les traditions successives qui se rattachent à ce rocher : le sacrifice d'Abraham, l'offrande de Melchisédech, l'aire où Ornan battait son blé, et où David aperçut l'ange exterminateur, le sacrifice expiatoire que le roi repentant offrit au Seigneur et qui fut dévoré par le feu du Ciel ; la construction du Temple de Salomon, avec son *Saint des Saints* sur ce même rocher, et son autel des holocaustes sur lequel, pendant plus de mille ans, furent offertes tant de victimes à l'Eternel, à Jéhovah !

Puis toute la tradition évangélique. Ici la Vierge Marie, vivant dans le Temple dès l'âge de 3 ans, était admise, par une exception unique que justifiait sa virginité immaculée, à entrer dans le Saint des Saints, où ne pénétrait d'ordinaire que le Grand-Pontife, précédé de la fumée de l'encens. Là parut le divin Enfant Jésus, porté dans les bras du vieillard Siméon, au jour de la Présentation. A cette place était suspendu le riche voile de pourpre qui séparait le *Saint* du *Saint des Saints*, et qui se déchira miraculeusement du haut en bas, au moment même où la divine victime expirait sur le Calvaire.

Voilà ce qu'évoque devant nous le souvenir du passé biblique de cette roche sacrée. Ecoutons maintenant, comme contraste, quelques-unes des légendes musulmanes, que nous conte, en bon français, un guide mahométan. — Voyez là-haut, fixé à la muraille, l'étendard vert du prophète, enroulé autour de sa lance. — C'est de ce rocher, dit-il, que monté sur sa superbe jument blanche, *Al-Borack*, Mahomet s'est élancé vers le Ciel. Le rocher voulait le suivre. Arrêté à temps par l'Ange Gabriel, il est demeuré suspendu dans l'espace. Et notre brave guide nous montre la *Sakhra*, que nous voyons bien là en relief dans la Mosquée, mais qu'avec la meilleure volonté du monde il nous est impossible de voir suspendue dans l'air. — Dans ce reliquaire, nous dit le guide, en nous montrant une sorte de niche contre un des piliers, se trouvent quelques poils de la barbe de Mahomet. On ne les voit pas, bien entendu, mais de confiance une bonne pèlerine s'empresse aussitôt de faire toucher son chapelet au reliquaire. Lequel des deux est le plus admirable : le guide, ou la pèlerine ?...

Je m'approche d'un petit groupe, regardant à terre, autour d'un vieux musulman accroupi. Ce brave homme, avec toutes sortes de gestes, en comptant sur ses doigts, tâchait d'expliquer quelque chose de bien intéressant évidemment, mais que personne ne comprenait. Voici, dit le guide : Nous sommes près de la porte septentrionale ; c'est la porte du *Paradis*. En face, dans la nef où se trouve le bon vieux, est une plaque de jaspe, dans laquelle Mahomet a enfoncé 19 clous d'or ; c'est le nombre de siècles que devait durer le monde après le prophète. A la fin de chaque époque, un de ces clous disparaît, et quand le dernier aura disparu, le monde aura vécu. Mais voilà ! un beau jour, on ne sait à quelle époque, le diable, voulant accélérer la fin des temps, s'en vint arracher les clous d'or. Fort heureusement il fut surpris et arrêté par l'Ange Gabriel, il n'avait pu en enlever que la *moitié* d'un. Et voilà pourquoi, il ne reste plus que *trois clous et demi*. On frémit, en pensant au danger qu'a couru le monde ce jour-là. Il doit un fameux cierge à l'Archange Gabriel.

Pardon de vous conter toutes ces histoires. Que voulez-vous ? Elles font partie du pèlerinage, il faut bien tout dire. Ou plutôt, non, impossible de tout dire. Il y a tant d'autres choses curieuses encore ; comme par exemple, la légende du *Puits des âmes*, où les défunts se réunissent 2 fois par semaine, pour adorer *Allah* (Dieu) : — celle des *Deux Pies*, pétrifiées par Salomon, pour avoir méprisé et souillé son œuvre ; — toutes sortes de détails concernant la grotte qui est au-dessous du Rocher sacré, place où auraient prié Abraham, Elie, David, Salomon, St-Georges, etc. Mais passons.

La Mosquée el Aksa. — Présentation de la Très Sainte Vierge Marie

Nous sortons enfin de la Mosquée d'Omar, et reprenons bien vite nos souliers. En face de la porte où nous sortons, se trouve un gracieux édicule, à jours, supporté par plusieurs rangées de petites colonnes concentriques, disposées de telle façon qu'on les aperçoit toujours toutes, de quelque côté qu'on les regarde. Pour les Musulmans, c'est le *Tribunal de David*, où sont pesés chaque jour les mérites et les démérites des âmes. D'après quelques guides, ce serait une ancienne chapelle élevée en l'honneur de St-Jacques, Apôtre, cousin de Notre-Seigneur, et premier Evêque de Jérusalem, lequel fut précipité par les Princes des Prêtres du haut du Temple, vers l'an 62.

Nous nous dirigeons maintenant vers l'angle sud-ouest de l'Esplanade du Moriah, où nous apercevons, à travers l'allée de cyprès et d'oliviers qui y conduit, une seconde mosquée à visiter.

Mais auparavant, après avoir passé sous une quadruple arcade, nous descendons, par un large escalier de 20 marches, de la plateforme supérieure sur le terrain inférieur, où était jadis le Parvis des gentils. Là il faut nous arrêter, et prendre la pose la plus esthétique qu'il soit permis à un chacun de prendre, selon ses moyens ; un photographe nous hypnotise au bout de sa lunette. C'est de tradition, paraît-il, et de rigueur. Voilà, c'est fait. Je vous montrerai plus tard si votre aumônier a réussi à faire bonne figure, en face des 40 siècles qui le contemplaient par-dessus l'appareil du photographe.

La mosquée *el Aksa* (l'éloignée) est ainsi appelée, parce qu'à l'époque où elle fut construite elle était la plus éloignée de la Mecque. Je vous fais grâce des détails historiques, plus ou moins sûrs qui s'y rattachent. Je veux seulement vous dire ce qui la rend surtout intéressante pour nous. D'après la tradition, une Basilique chrétienne avait été bâtie en ce lieu par Justinien, en l'honneur de *Ste-Marie-Mère-de-Dieu*. Détruite plus tard, on se servit des matériaux pour construire l'édifice que nous allons visiter, appelé au temps des Croisés, *Eglise de la Présentation de Marie*, et devenu une mosquée. Comme la partie de l'esplanade où nous sommes était vraisemblablement occupée jadis par les *dépendances du Temple*, il nous est doux de penser que c'est là que vécut la très sainte Vierge, depuis l'âge de 3 ans jusqu'à ses fiançailles avec S. Joseph. Et tout en me dirigeant vers la mosquée, j'aimais à me représenter la petite enfant, courant et jouant, avec ses compagnes, sur cette maigre pelouse que foulent mes pieds, à l'ombre des oliviers et des cyprès, comme je vois si souvent chez nous nos chers petits anges de l'asile s'ébattre, en poussant leurs cris joyeux, sous les platanes de notre cour. Marie, enfant de l'asile à Jérusalem, ici même au lieu où je me trouve, voilà une pensée qui me fait du bien ! et à travers l'espace, je l'envoie là bas, en France, à Bourg, avec une prière et mes meilleures bénédictions, à mes petits amis de notre asile de S. Joseph.

Nous venions de quitter nos souliers une seconde fois pour la visite de la mosquée, et nous nous apprêtions à entrer, lorsqu'arrivent une cinquantaine de Musulmans, en babouches. Ils pénètrent dans la mosquée de quelques pas, se placent sur cinq rangs de dix, et sans façon, sans plus s'occuper de nous que si nous n'étions pas là, ils se mettent à genoux à leur manière orientale, croisant les jambes en tailleur et s'asseyant à terre, ou plutôt sur la natte étendue là comme partout. Ils prient silencieusement. De temps en temps, toutes les minutes environ, l'un d'eux, placé au milieu, dit quelques mots, comme une invocation, tous répondent de même, et aussitôt ensemble ils se prosternent le front contre terre, puis se relèvent. Cela dure 5 à 6 minutes au moins. Leur prière terminée, ils sortent et s'en vont. Vous le dirai-je ? C'était simple et profondément édifiant. Que l'on aimerait à voir une foi pareille, et surtout une foi exempte de respect humain, en beaucoup de nos prétendus chrétiens, même pratiquants, qui à l'église, devant Jésus-Christ réellement présent sur l'autel et dans le tabernacle, ne savent pas fléchir le genou, et se tiennent, comme le pharisien de l'Evangile, fièrement debout, la canne sous le menton, tout le temps de la messe, daignant à peine incliner légèrement la tête au moment solennel de l'Elévation !

Ce que j'ai vu là, je l'ai vu dix fois ailleurs, soit à Jérusalem, soit à Constantinople. C'est triste d'en être venu à désirer pour des chrétiens la foi des Musulmans.

Quand ils se sont retirés, nous entrons à notre tour, portant nos souliers en panache.

Cette nouvelle mosquée est un immense édifice à sept nefs avec transept, mais sans abside, et qui mesure 90 mètres de longueur sur 60 de largeur. Elle a la forme d'un T ou *Tau* grec. La coupole est couverte de mosaïques. Au dessous, et à droite, est une magnifique *chaire* en bois, ornée d'arabesques et incrustée de nacre et d'ivoire.

Tout près de là, on nous montre, derrière un grillage en fer doré, deux lieux de prière, dont chacun a son *mihrâb*, ou niche, à la manière musulmane, l'un dédié à Moïse, l'autre à *Issa*, Jésus. Dans ce dernier, les Mahométans montrent, sur une pierre, l'empreinte d'un pied de Jésus, qu'ils tiennent en grande vénération.

Faut-il vous parler des fameuses *colonnes de l'épreuve ?* Vous ne m'en voudrez pas, je suis sûr, de vous l'avoir dit. Ce sont deux colonnes du transept de droite, tellement rapprochées l'une de l'autre, qu'un homme de la grosseur de votre serviteur aurait de la peine à passer entre elles. D'après les Musulmans, il fallait pouvoir passer *entre les deux colonnes* pour entrer au Paradis. J'avoue que cette opération devait souffrir pour beaucoup quelques difficultés : serait-ce la *leçon de choses*, donnée par les arabes pour faire comprendre la parole de l'Evangile : « *Regnum cœlorum vim patitur ?* »..... Toujours est-il qu'en 1881 (il n'y a pas longtemps, comme vous voyez), un croyant, un peu obèse, tenta l'épreuve, et voulant aller au Ciel, coûte que coûte, il pasa, mais il mourut sur place. Depuis cette date, on a fixé des montants en fer entre les colonnes, pour empêcher ce jeu périlleux. Et voilà pourquoi, entre autres causes, je n'ai pas essayé l'épreuve.

L'extrémité de ce même transept se termine par un simple mur à hauteur d'appui. En s'en approchant, on aperçoit formant prolongement, une grande salle nue, divisée en deux par une rangée de piliers énormes. On l'appelle généralement la *Salle d'armes des Templiers*. Peut-être était-ce plutôt leur oratoire. C'est là que commença cet Ordre célèbre des *Chevaliers du Temple* ou *Templiers*.

Ecuries de Salomon. — Porte dorée

C'est tout un monde, ce mont Moriah. Nos visites ne sont pas finies. Il nous faut encore voir ce qu'on appelle les *Ecuries de Salomon*.

Je vous ai dit que, pour pouvoir élever toutes les constructions nécessaires, on avait, en la nivelant, agrandi la plateforme de la colline. Pour cela, il fallut faire sur les pentes, à l'ouest et au sud, de grandioses substructions. Du côté de l'ouest, elles reposent sur d'énormes pierres qu'on appelle *blocs Salomoniens*, et qui forment le *Mur des pleurs* dont je vous parlerai. Au Sud, elles sont disposées en souterrain, dont la voûte, qui n'est autre chose que l'Esplanade de l'*Haram esch Schérif*, est soutenue, à une profondeur de 30 mètres, sur le rocher, par 88 gros piliers, placés sur 15 rangs.

Nous y descendons par un escalier assez raide d'une trentaine de marches, situé à l'angle Sud-Est. Et nous arrivons d'abord dans une chambre carrée, transformée en lieu de prière et en mosquée par les musulmans. On y voit un curieux monument : c'est une sorte de niche de pierre en forme de coquille, destinée à recevoir un buste ; elle est couchée horizontalement et recouverte d'un dais supporté par 4 colonnettes gracieuses en marbre blanc.

Est-ce que le petit Jésus, aux jours de la Présentation, reposa en ce lieu ? Ou bien a-t-on voulu simplement rappeler son souvenir? ...Quoi qu'il en soit, cette chambre a été de temps immémorial appelée, par les Musulmans d'abord, par les Croisés ensuite, *Berceau du Christ*.

De là nous pénétrons dans les souterrains. C'est une véritable forêt de colonnes, coupée de distance en distance par de gros murs de soutènement. Pourquoi a-t-on nommé ces galeries les *Ecuries de Salomon?* C'est difficile à savoir. Elles ont certainement servi longtemps d'écuries ; car on y voit encore des mangeoires taillées dans le rocher, et, aux angles des piliers, des trous où étaient fixées des attaches, avec, un peu au-dessus, d'autres trous où s'enfonçaient les poutres servant au plancher des greniers à foin ; et d'autre part, une porte, appelée *porte simple*, donnant accès sur la colline *d'Ophel* pour le passage des chevaux. Tout cela cependant ne remonte pas au fils de David, mais probablement à l'empereur Justinien, qui fit agrandir l'Esplanade de ce côté pour les constructions qu'il voulait y faire. Si on a donné le nom d'*écuries de Salomon* à ces souterrains, c'est sans doute parce que ce grand roi, ayant ses palais et ses jardins tout auprès de là, sur les pentes de la colline d'Ophel, les écuries où il logeait ses innombrables chevaux étaient également voisines des galeries actuelles.

Quoiqu'il en soit, ce fut là un travail gigantesque, et la visite de ce souterrain est intéressante. Il est du reste très bien éclairé par de vastes baies s'ouvrant du côté de la vallée du Cédron.

Remontés sur l'Esplanade, nous suivons le mur d'enceinte oriental qui donne sur la vallée de Josaphat. Cette muraille crénelée forme terrasse ; on peut, à travers les meurtrières, plonger le regard au dehors, et jouir du magnifique panorama de la célèbre vallée, et de la colline des *Oliviers* qui la domine à l'est, en repassant une fois de plus les souvenirs infinis qu'il nous rappelle.

** **

Nous voici devant la fameuse *Porte dorée*, l'ancienne *Porte orientale*, par laquelle Notre Seigneur est entré le jour des Rameaux. N'allez pas vous figurer qu'il s'agit simplement d'une immense porte qui s'ouvre, comme on dit, à deux battants. D'abord, elle ne s'ouvre plus. Déjà les Croisés la gardaient murée, et ne l'ouvraient que pour la Procession du Jour des Rameaux, et pour l'Exaltation de la sainte Croix, en souvenir du jour, où Héraclius rapporta par cette même porte à Jérusalem la *vraie Croix*, reconquise sur les Perses. Quant aux Turcs, les maîtres depuis longtemps de ces lieux, ils la tiennent solidement murée, et se garderaient bien de l'ouvrir ; car, disent leurs légendes, le jour où elle sera ouverte, les *Frandjis* (Français) entreront à Jérusalem.

Mais il y a plus. Les 7 portes de Jérusalem sont de vastes constructions enchevêtrées, dans lesquelles on logerait tout un bataillon ; et de fait, il en était ainsi jadis ; ces portes étaient gardées par de nombreux soldats, logés sous leurs voûtes ; aujourd'hui encore chaque porte est gardée par un poste de soldats le jour, et fermée la nuit.

La *Porte Dorée*, ainsi appelée sans doute parce qu'elle était très belle, comme autrefois déjà on appelait *Porta speciosa* (la Belle Porte) celle qu'elle remplace, a été transformée en un sanctuaire, qui a maintenant l'aspect d'une église à deux nefs, soutenue au milieu par trois colonnes en marbre gris. Chaque nef est couverte de deux calottes sphériques, comme toutes les mosquées ; car elle sert aussi de mosquée. L'extérieur de la porte, du côté de la vallée, présente une double arcade en plein cintre, magnifiquement décorée. Sous cette arcade, S. Pierre et S. Jean guérirent le boiteux de naissance, qui, disent les Actes, se mit à les suivre jusqu'au Temple, *en sautant* de joie.

Vous voyez que cette porte mérite une visite ; il faut pour cela payer bakchich au gardien, qui, paraît-il, n'est pas toujours bien disposé. On dit qu'un bon moyen de l'amadouer, c'est de lui montrer une tabatière, pleine de tabac, et de lui permettre d'y plonger ses doigts plusieurs fois durant la visite ; à ce prix, on peut prolonger la visite, autant qu'on veut. A quoi tiennent les choses tout de même ! !

Nous étions au bout de cette excursion, qui serait certainement l'une des plus intéressantes, si elle se faisait moins hâtivement et par petits groupes. Que de souvenirs elle remue dans l'âme !

Tout en se retirant, on ne peut s'empêcher de jeter encore de longs regards sur cette vaste enceinte, le lieu le plus célèbre dans l'histoire du monde. Tout le passé revit pour ainsi dire sous nos yeux. Que de générations ont foulé ce sol ! que de multitudes y ont passé successivement ! Que de fêtes et de solennités ont été célébrées ici, dans la suite des temps ! Tous les rois de Juda, tous les prophètes y sont venus. Jésus, le divin Rédempteur, Jésus surtout y a paru bien des fois, et son souvenir plane sur ces ruines, que domine maintenant le *Croissant*. — Et puis, soit avant Lui, soit après, que de combats se sont livrés entre les hommes autour de ce Mont sacré ! que de massacres commis, que de sang versé, autre que celui des victimes sacrificatrices ! Cette *aire d'Ornan* en a bu des torrents à travers les siècles.

Qu'elle devait être belle, cette colline, alors qu'elle portait fièrement la merveille d'art et de richesse qu'était son célèbre Temple, alors qu'elle étincelait de marbre et d'or, et ouvrait ses portiques superbes aux foules qui *montaient adorer !* Quels spectacles grandioses rappelle l'horizon qui l'entoure, et que nous découvrons au loin, du lieu où nous sommes ! Reportez-vous avec moi à l'époque d'une des Fêtes Pascales qu'on y célébrait. Toutes les collines qui entourent le Mont Moriah, aussi loin que peut s'étendre le regard, nous apparaissent couvertes de milliers et de milliers de tentes de feuillages, abritant jusqu'à 2 millions de Juifs ou de prosélytes, campés près de Sion, et faisant monter vers le Temple l'immense concert de leurs prières et de leurs psalmodies.

Puis, tout-à-coup, la scène change. Là-bas, sur le Mont des Oliviers, je vois installé le camp de Titus, qui assiège la ville. J'entends les Anges Gardiens du Sanctuaire qui s'écrient : *sortons d'ici, sortons d'ici.* J'entends les cris de joie féroces des assiégeants qui se précipitent à l'assaut. Je vois une multitude en délire qui envahit le sanctuaire pour y chercher un dernier refuge ; puis la mêlée sanglante, la dernière. Et au dessus de cette foule, égorgée sans pitié sur les dalles du Temple et sous les portiques, hommes, femmes, enfants, je vois monter, avec des crépitements sinistres, de gigantesques flammes, qui dévorent les cadavres et anéantissent à jamais le *Saint des Saints.* C'est fini !

Comment en un plomb vil l'or pur s'est-il changé ?

Désormais, à la place de la splendeur que j'entrevoyais tout à l'heure dans la vision du passé glorieux, c'est la ruine, c'est la solitude, c'est la malédiction. Ainsi finissent les peuples qui renient Dieu.

Quelle leçon ! quelle leçon ! On se retire le cœur serré.

Mur des pleurs des Juifs

Avant de clore cette lettre, puisque je vous ai parlé tout à l'heure du *Mur des pleurs des Juifs*, qui se trouve à l'extrémité opposée à celle où nous sommes, je veux vous y conduire, bien que ce ne soit pas le jour, afin de vous montrer comment les pauvres malheureux Juifs comprennent la leçon que je viens de rappeler.

Je vous y mène tout droit et tout de suite : je vous raconterai une autre fois les curiosités et les péripéties du chemin.

La muraille dont il s'agit, et qui sert de mur de soutènement à l'Esplanade du Mont Moriah, a seulement une douzaine de mètres au dessus du sol actuel ; mais il parait qu'elle s'enfonce en terre à une profondeur de 25 mètres dans les décombres, que les 17 destructions successives de Jérusalem ont amoncelées au fond de la vallée du *Tyropœon*. Elle est formée de blocs énormes en bossage, dont quelques-uns mesurent quatre à cinq mètres de long sur deux à trois mètres de hauteur. La longueur totale du *Mur des pleurs* est de 45 à 50 mètres. A sa base est un couloir ou passage très étroit (4 ou 5 mètres au plus) qui la longe d'un bout à l'autre, et permet de s'en approcher sur toute sa longueur.

C'est là, sur un pavé de larges dalles, que s'assemblent dévots et dévotes d'Israël, chaque vendredi, veille du sabbat, vers trois heures de l'après-midi jusqu'au soir, pour réciter en chœur des *lamentations* rituelles, embrasser et mouiller de leurs pleurs la muraille sainte, seul débris dans lequel ils voient encore un souvenir du *Temple*. Ils y viennent plus ou moins nombreux, parfois plusieurs centaines ; et le nombre augmente, à mesure que le soleil baisse, pour atteindre son maximum au crépuscule.

Et cela dure, paraît-il, depuis le IVe siècle de l'ère chrétienne, avec quelques variantes. Chassés de Jérusalem d'abord, maudits de tous, n'ayant pas même le droit de prier sur les ruines de leur Temple détruit, les Juifs sont toujours revenus, avec une inlassable ténacité. On ne leur permet pas de monter sur l'esplanade, et d'y pleurer comme autrefois, ils vont prier et pleurer contre ce pan de mur, la seule relique laissée à leur dévotion. Et rien n'est plus curieux et plus triste à la fois que leurs *lamentations* du vendredi, au pied de cette muraille.

Lorsque nous arrivons vers 4 heures, ils sont là déjà une cinquantaine, hommes, femmes, et deux ou trois enfants. Les femmes sont vêtues à l'européenne, mais avec, sur la tête, un grand voile de calicot blanc qui les enveloppe entièrement. Les hommes n'ont pas tous le même costume : il paraît que cela dépend de la *secte* à laquelle ils appartiennent. Ceux du *Nord* portent un grand manteau défraîchi et un bonnet de fourrure. Ceux du *Midi* sont vêtus d'une robe flottante, riche ou misérable, selon les moyens de chacun, mais toujours plus ou moins propre, plutôt moins que plus, et sur la tête ils ont le *tarbouch'* sorte de bonnet rouge à gland, ou plus généralement un chapeau mou, ou encore le turban noir. Ce qui les distingue surtout, et ce qui les rend laids à voir, c'est leur chevelure. La plupart ont le crâne rasé, et ne conservent de cheveux que sur le devant de la tête, avec deux mèches qui partent des tempes et tombent de chaque côté de la figure en tire-bouchon. C'est affreux. Ah ! on n'a pas de peine, je vous assure, à les reconnaître au milieu de la foule et dans les rues.

Ils sont donc là une cinquantaine, tout-à-l'heure ils seront plus de cent, réunis par groupes de dix à douze ; chacun tient en main une Bible, généralement crasseuse. Dans chaque groupe, un rabbin, sur un ton nasillard, comme c'est l'usage en Orient, chante ou récite la prière, un psaume ou une lamentation de Jérémie, et les autres répondent. Quelques-uns, pourquoi ? je n'en sais rien, prient seuls et isolés. mais tous, en priant, ont le visage tourné vers le mur, et sans faire aucune attention à nous ni à qui que ce soit, ils tiennent le nez dans leurs vieux livres hébreux, et marmottent leurs oraisons, en cadence d'une monotonie fatigante. Mais ce qu'il y a de plus curieux, c'est que tous, juifs et juives, se balancent perpétuellement d'avant en arrière. Tout remue à la fois, les langues, les bras, les jambes, la tête, les langues surtout. On dirait une gageure. C'est bizarre. « Si vous voulez avoir une idée de cette musique, dit un pèlerin, solfiez un peu vite, ainsi qu'on fait dans les exercices de gammes, les notes suivantes : *do re mi fa sol, fa mi re do, re mi fa sol, fa mi re do...* et ainsi de suite. Ce n'est pas très varié, et n'oubliez pas que, ici comme dans les chants liturgiques des Grecs, c'est le nez qui chante. » (A. Jacquin).

La scène se prolonge ainsi sans fin, et sans autre variante.

Par instants cependant, le ton devient plus aigu, les balancements s'accélèrent fiévreusement en tout sens, et de véritables sanglots éclatent des poitrines. Alors on les voit s'interrompre, étendre les bras, les appliquer contre les blocs de pierre comme pour les étreindre, et les tenir longtemps embrassés en pleurant.

Mais pleurent-ils vraiment ? — Oui ; les femmes surtout. J'en ai eu la preuve. Devant moi, une pèlerine (ce sexe est sans pitié) s'approche d'une juive qui tenait en sanglotant sa tête appuyée contre la muraille, et, d'une main d'ailleurs délicate, elle soulève doucement le voile de calicot, et la regarde ; la pleureuse se tourne vers nous, deux ruisseaux de larmes inondaient sa figure. Les hommes aussi ont les yeux tout humides de pleurs.

Ce spectacle étrange, ces balancements de corps, ce nasillement continu, cette cacophonie lamentable, ces larmes, ces sanglots, ces étreintes passionnées sur le roc, surprennent d'abord et font sourire. Nul des opérants n'en a cure. Ils n'ont pas l'air de voir que nous sommes là. A la longue, on se sent pris de compassion et presque ému, à la vue d'une douleur qui paraît si vraie et si profonde. On ne fait plus attention à leur accoutrement sordide, à leurs chapeaux graisseux, à leurs cheveux en tire-bouchons, à leurs bibles usées et salies par plusieurs générations ; on ne prend plus garde à leurs mouvements singuliers, à leurs cantilénes bizarres ; on ne voit plus que leurs larmes, on ne songe plus qu'à leur aveuglement, le cœur se serre à la pensée des évènements tragiques dont les souvenirs affluent, à la malédiction qui pèse sur ce peuple déicide. Pauvres Juifs ! ils implorent Jéhovah de sauver Israël et le Temple. Hélas ! hélas ! entre Jéhovah et eux il y a le Sang du Fils de Dieu : *que son Sang*, ont dit leurs pères, *retombe sur nous et sur nos enfants !* Depuis dix-neuf siècles il les écrase. Ah ! s'ils voulaient comprendre ! Mais non.

« *Jusques à quand, ô Jéhovah !* soupirent-ils contre cette muraille, *jusques à quand seras-tu irrité contre nous ?* » On voudrait pouvoir leur répondre : « Jusqu'au jour où, au lieu de pleurer au pied de ces ruines de ton antique gloire, tu te tourneras, ô Israël, de l'autre côté, là-bas vers le Calvaire, pour embrasser la Croix, de laquelle Jésus te tend les bras. »

Le croirez-vous ? cette visite m'a tristement impressionné et je m'en suis allé tout rêveur.

Coup d'œil rapide sur Jérusalem

Je viens de vous faire parcourir une bonne partie déjà de Jérusalem, et je crois bien que je ne vous ai pas encore donné une idée de la *topographie* de la ville. Réparons cet oubli avant d'aller plus loin.

La ville de Jérusalem est assise, vous ai-je dit, sur deux chaînes de collines, séparées l'une de l'autre par la vallée profonde du *Tyropœon*, qui court du nord au sud, à peu près parallèlement à la vallée de Josaphat. Le mont *Moriah*, que nous venons de visiter, se dresse entre ces deux vallées, avec le mont Bézetha, qui lui fait suite, au nord. Nous allons parcourir maintenant la partie qui est à l'ouest.

Au point de vue des habitants, l'intérieur de la ville est comme partagé en *quatre* quartiers par deux grandes artères qui se croisent. — Les *Juifs*, ses premiers occupants, sont entassés au fond de la vallée du Tyropœon et de la vallée de Josaphat au sud-est. — Les *Musulmans* habitent le nord-est, et sont fixés autour du mont Moriah, qui est leur ville sainte. — Les *Latins* (catholiques) et les *Grecs* (schismatiques) se partagent les pentes du mont Gareb, au nord-ouest, et se massent à qui mieux mieux autour du Saint-Sépulcre. — Enfin le mont Sion au sud-ouest est occupé par les *Arméniens* schismatiques, qui ont là leur patriarcat.

Mais bien fin qui peut s'y reconnaître en parcourant la ville. On n'a pas idée de l'enchevêtrement fantastique des rues ou plutôt des ruelles se croisant en tous sens, tortueuses, inégales, sombres, malsaines et puantes en beaucoup d'endroits, surtout dans les quartiers musulman et juif. Mais ce qui dépasse encore l'incroyable désordre de ces chemins de circulation, ce qui déconcerte bien autrement l'imagination, c'est l'ineffable tableau de ce qu'on y rencontre.

A l'entrée ou au carrefour de toutes les rues, le soir, le matin, à toute heure, on voit accroupis par terre ou assis sur de petits tabourets de paille, des groupes de Turcs, fumant, silencieux et impassibles, le *narghileh* traditionnel, espèce de pipe en verre, absolument semblable à nos syphons d'eau gazeuse, reposant à terre à côté d'eux, et s'emmanchant à leur bouche par un long tuyau de caoutchouc. Ceux qui ne fument pas, mordillent la galette, ou croquent, après les avoir décortiqués, des grains de lentille, ou encore, dévorent à belles dents, des oignons crus. D'autres, plus dévots, égrènent d'une main leur petit chapelet de grain de corail. C'est extrêmement pittoresque.

Puis, en s'avançant dans la ruelle, on passe tantôt sous des voûtes basses, tantôt sous des toiles grossières, noires, enfumées, tendues n'importe comment d'un mur à l'autre, pour tamiser les rayons du soleil ; et de chaque côté, sous des arceaux ouverts, d'un mètre ou deux à peine de profondeur, et qui se succèdent en forme de portiques, s'étale aux regards (et à l'odorat) un amas bizarre et souvent infect des marchandises les plus variées, placées sans qu'on sache pourquoi les unes à côté des autres : denrées alimentaires de toutes sortes, vieux vêtements, ou objets de piété. Je vous dis qu'on y voit de tout : des ballots de hardes plus que défraîchies coudoyant des monceaux de figues noircies, de dattes gluantes, de bananes flétries, d'oranges vertes ; des tas de chaussures neuves ou des savates raccommodées, voisinant avec d'énormes jarres où se dressent en cônes des montagnes de fromage blanc, où s'agitent mollement des mares de confitures ou de brouets luisants, le tout saupoudré convenablement de la poussière soulevée par les pieds des passants, etc.

Les passants ! voilà encore un spectacle qui n'est pas banal. Tous les costumes se coudoient dans un méli-mélo indescriptible : femmes turques, avec leur hideux masque de mousseline noire ou bariolée sur la figure ; femmes grecques avec leur long voile de calicot blanc les enveloppant de la tête aux pieds ; arabes en guenilles, portant sur le dos des outres en peau de chèvre, d'où dégoutte de l'eau ou du vin ; Syriens ou bédouins de tout accoutrement avec leurs longues vestes effrangées, avec le tarbouch' ou le serre-tête à queue de cheval, ou le turban sur la tête ; vieux juifs et pharisiens, avec leurs casquettes en peau de loutre, ou leurs chapeaux de feutre mou, leurs papillotes collées sur les tempes, et leurs crasseuses tuniques, etc.. et enfin, comme perdus à travers tous ces indigènes, quelques européens affairés, des français ou françaises en particulier, aburis du spectacle étrange de cette cohue.

Encore ne vous ai-je parlé que de la foule *raisonnable* qui circule et se coudoie dans ces passages encombrés. Mais elle n'y est jamais seule. Sans parler des animaux morts ou tués, suspendus en plein air comme viande de boucherie à tous les étalages, et mangés par une armée noire de mouches, en attendant que les pratiques viennent les prendre pour achever de les dévorer, il faut voir le nombre de bêtes vivantes qui déambulent sous ces voûtes, ou se reposent à leur ombre. Les plus nombreux sont les chiens, les vertueux chiens de Jérusalem, qui, à l'exemple de ceux de Constantinople, naissent, vivent et meurent sur le pavé des rues, sans appartenir à personne, et passent le cours de leur utile existence à dormir le jour sous les pas des passants, et à rôder la nuit, chacun dans leur quartier, pour y mettre un peu d'hygiène, en dévorant tous les détritus jetés par les humains

dans la poussière de ces rues infectes, qui ne connurent jamais la pompe d'arrosage, ni le balai municipal. — Ensuite,
viennent les petits *anichons* trapus, qui circulent, portant
sur leur dos toutes sortes de marchandises, spécialement
d'énormes bottes de foin, et plus souvent des tas de fascines
épineuses dont ils labourent la figure des passants ou déchi-
rent leurs vêtements. — Puis ce sont les chameaux, s'avançant honnêtement et sans bruit, de leur pas allongé et toujours égal, ou s'accroupissant sans façon, à l'ordre de leur
maître, au beau milieu de la rue, en sorte que leur immense
masse, accrue encore de la charge volumineuse que porte
leur bosse, encombre absolument le passage, et il faut se
résigner, ou bien à attendre qu'ils se soient relevés, ou bien
à passer quand même, en se faisant petit, entre le ventre de
la bête, et la muraille ou le banc du marchand. On n'a pas
idée du sans-gêne avec lequel cela se fait.

Voilà ce qu'on voit surtout dans le quartier *musulman*.
Car, dans les deux quartiers *chrétiens*, les rues sont moins
sales et moins encombrées. Quant au quartier *juif*, la malpropreté y règne aussi en maîtresse ; mais les rues ont un
autre caractère : en général, elles sont sombres et désertes ;
on marche entre deux murs sans fenêtres ; mais on y voit
de petites lucarnes, fermées par un voile noir, derrière lequel on sent peser sur soi des regards dissimulés, et on a
l'impression qu'il ne ferait pas bon s'attarder seul dans ces
parages.

J'ai tenu à vous donner une idée de ces choses, malgré
leur caractère répugnant, parce que cet aspect est un peu
celui de toutes les villes de l'Orient, où l'infidélité a tenu,
jusqu'à présent, les populations comme figées dans leur immobilité fataliste, à l'encontre de la civilisation chrétienne.

Depuis quelques années, la ville de Jérusalem s'échappe
en dehors de ses antiques murailles, principalement au
nord, où les russes surtout ont des établissements nouveaux considérables, ainsi que les allemands ; et à l'ouest,
où des colonies accourues de tous les points de l'horizon,
sont en train d'élever une vraie *ville moderne*, presque entièrement peuplée de juifs. La population est moins dense,

mais il ne semble pas que les règles de l'hygiène et de la propreté y soient mieux observées.

Qui croirait, à voir cet état de choses, que nous sommes dans la *Ville Sainte ?* Car Jérusalem, vous le savez, est de tout point la Ville Sainte par excellence, non seulement pour les chrétiens qui y vénèrent le *Saint-Sépulcre*, le *Calvaire* et tous les autres Lieux Saints, sanctifiés par la présence et surtout la Passion et la Mort du Rédempteur, mais aussi pour les juifs, dont Sion fut toujours et est encore la capitale, renfermant jadis le *Temple* ; et enfin pour les musulmans, lesquels possèdent la *Mosquée d'Omar*, la plus célèbre après la Mecque, et qui, d'ailleurs, ont un respect religieux même pour ce qui regarde David, Salomon, Jésus-Christ, la Sainte Vierge.

Oui, mais la Ville Sainte n'est plus la brillante et splendide Jérusalem d'autrefois. Elle est déchue de sa beauté, depuis le jour où s'accomplirent, par les armées romaines, les prophéties du Christ qu'elle a rejeté. Aussi la joie semble avoir disparu de la cité de David. Elle est enveloppée d'un voile de tristesse et comme d'une atmosphère de mélancolie, qui saisit le pèlerin, dès qu'il entre dans son enceinte.

Il y a même, le croirez-vous, un fait particulier qui m'avait singulièrement frappé déjà à mon premier voyage. Durant tout le cours de la traversée de la Samarie que nous avons faite à cheval, nos *moukres* (muletiers) nous avaient assourdis de leurs chants monotones et criards, et de leurs rires, parfois goguenards. Arrivés à Jérusalem, où nous les avons retrouvés à maintes reprises pour nos excursions, plus de chant, plus de joie ; on dirait qu'ils ont perdu leur gaieté.

Oui, telle est la Jérusalem actuelle : une ville morose, serrée entre des murailles à tourelles et à bastions crénelés d'un aspect grandiose mais triste, entourée de cimetières en désordre, de ravins desséchés et sauvages, de collines dénudées et stériles.

Ah ! il est donc bien vrai qu'on ne repousse pas impunément les avances miséricordieuses d'un Dieu ! Il est donc bien vrai que Dieu n'est pas moins fidèle en ses menaces qu'en ses promesses ! Tu l'attestes, ô sainte Sion, avec une éloquence saisissante. Ce n'est pas la moindre des leçons que le pèlerin recueille sur tes débris.

Et, cependant, hâtons-nous de le dire, sous leur apparente dégradation, ces lieux gardent toujours une puissance incomparable de suggestion. « Je ne sais quel fluide magnétique, écrit un pèlerin, semble monter de ces décombres, où s'entassent des siècles de traditions et de pensées, non pas seulement humaines, mais divines. Instinctivement, on oublie ces costumes bizarres, ces figures étranges venues de l'Abyssinie et de l'Arabie, ces *parfums* multiples s'exhalant des bazars et des souks. Malgré soi, on est absorbé par une sorte d'extase historique ; par dessous ces haillons de l'Islam qui vous offusquent, surgit à votre imagination la Jérusalem des David, des Salomon et des Macchabées, mais surtout la Jérusalem de l'époque messianique ».

Oui, il fait bon quand même fouler cette terre imprégnée de tant de souvenirs, et méditer, en les faisant revivre, ces scènes évangéliques qu'on a contemplées si souvent en esprit, qu'on a idéalisées un peu au gré de sa fantaisie, et qu'on voit pour ainsi dire dans leur cadre vrai. Et puis, n'y respire-t-on pas le même air que respira Jésus ? Ne se baigne-t-on pas, en quelque sorte, dans cette atmosphère endeuillée qui enveloppa les derniers moments du Christ expirant ? Comment le cœur ne serait-il pas doucement ému à cette pensée ? L'esprit n'a pas besoin d'effort pour réfléchir ; l'âme saisie, impressionnée, va d'elle-même à ce Jésus dont elle suit les traces sanglantes, et il lui semble, dans le silence triste de la ville déicide qui expie son crime, percevoir les battements de ce Cœur divin, qui, ici même, nous a tant aimés, jusqu'à mourir d'amour pour nous.

Allons jusqu'à Bethléem

Transeamus usque Bethleem : Allons à Bethléem, me dirent ce jour-là deux de mes bons amis de pèlerinage, deux prêtres du diocèse de Grenoble. Ce qui fut dit fut fait. Je savais par expérience que, si on veut célébrer pieusement et en paix la Messe de minuit à la Grotte de la Nativité, il ne faut pas compter sur le jour où le Pèlerinage s'y rend officiellement ; il y a trop de monde, et le nombre des prêtres qui désirent cette grande faveur ne permet pas de les satisfaire tous. Il vaut mieux s'échelonner.

Nous voilà donc partis tous trois en voiture sur les six heures du soir. C'était peut-être l'heure où Marie et Joseph s'acheminaient vers Bethléem, le premier soir de Noël. Seulement ils n'avaient pas de voiture comme nous, mais tout simplement, sans doute, ce qu'on appelle la monture du pauvre, dans le pays, le petit âne trapu, fidèle ami des voyageurs. On le rencontre, ce brave petit animal, partout encore aujourd'hui, sur les routes et à travers les chemins les plus escarpés, portant philosophiquement son bât, quelquefois très lourd, ou son maître, quelquefois très dur.

De Jérusalem à la Grotte de Bethléem il y a environ neuf kilomètres, par une belle route carossable, récemment construite, et bordée, depuis quelques années, le croiriez-vous ? de poteaux télégraphiques et téléphoniques. O anachronisme ! — Les traditions évangéliques et les légendes pieuses abondent sur ce chemin. L'ayant parcouru quatre fois, aller et retour, dont deux fois à pieds, je sais par cœur tous ces souvenirs ; je tiens à vous les dire, cela vous intéressera.

Après avoir suivi la route de la gare, et traversé la vallée de la *Géhenne*, nous gravissons la colline, appelée *Mont du mauvais conseil*, parce que là sur la hauteur était jadis la maison de campagne de Caïphe, où se tint la réunion secrète qui condamna Jésus-Christ définitivement, et où ce pontife haineux, gendre du grand-prêtre Anne, plus haineux encore, déclara « que Jésus devait mourir pour la nation. » (S. Jean XI, v. 51).

Nous sommes maintenant sur un immense plateau : c'est la célèbre plaine de *Raphaïm*, la vallée des *Géants* ou *Titans* où le jeune roi David, à peine élevé au trône d'Israël, rencontra et battit par deux fois les Philistins, dont il avait tué le chef Goliath dans la vallée du *Térébinthe*, un peu plus bas du côté de la mer.

Mais arrivons à des souvenirs plus doux et plus gracieux. Voici sur le bord du chemin, à gauche, un bloc taillé en forme de margelle de puits. Les troupeaux et les caravanes s'arrêtent là pour s'abreuver. C'est le *Puits de la Vierge*, appelé aussi le *Puits des Mages*. Ici, d'après la tradition, l'étoile disparue se serait de nouveau montrée aux Mages, comme l'indique l'Evangile, pour les guider jusqu'à Bethléem. Là aussi peut-être, si l'on en croit une autre tradition fort ancienne, la Sainte Vierge s'était reposée, lorsqu'elle se rendait avec St Joseph à Bethléem. Cet usage de s'arrêter auprès des puits et fontaines, pour se rafraîchir et se reposer, existe toujours en Orient, et les pèlerins, eux aussi, sont heureux de faire halte en passant, et d'y reprendre haleine, en devisant sur les souvenirs du passé, et en se communiquant les impressions vives et profondes, qui débordent de leurs cœurs émus. Comment ne pas être remué, par exemple, auprès de ce puits des Mages, en pensant que là a passé et peut-être s'est assise la divine Vierge de Juda, portant dans son sein le Désiré des Nations, le Sauveur du Monde ? Que là se sont arrêtés, pour abreuver leurs chameaux et sans doute pour interroger de nouveau le Ciel et les astres du firmament, ces Princes venus de l'Orient, pour offrir leurs adorations et leurs présents au nouveau Roi des Juifs, dont ils avaient vu et suivi l'étoile jusqu'à Jérusalem ? On ne peut s'empêcher de songer avec bonheur à la joie qui dut remplir leurs cœurs, quand ils aperçurent de nouveau en ce lieu cette étoile miraculeuse. Et tout joyeux on se remet en marche avec eux.

On aimerait à voir aussi le *Térébinthe de Marie*, à l'ombre duquel, presqu'en ce même lieu, la Sainte Vierge se serait abritée quarante jours plus tard, en allant au Temple pour les cérémonies de la Purification et de la Présentation, et dont les branches s'inclinant gracieusement vers le divin Enfant Jésus auraient formé comme une couronne au-dessus de sa tête. En souvenir de la légende, les pèlerins venaient, jadis, baiser pieusement l'arbre séculaire, lorsqu'il fut brûlé, en 1815, par un Arabe, qui voulait empêcher les pèlerins de fouler son champ.

C'est tout près de là encore qu'on montre, à droite de la route, l'endroit où était la maison du vieillard Siméon, qui nous a laissé, dans le *Nunc dimittis*, un si touchant témoignage de sa foi et de son amour pour le Sauveur.

Un peu plus loin est le champ des *pois chiches*, qu'on dit aussi être le champ des lentilles d'Esaü.

Ce champ a la spécialité d'être couvert d'une multitude de petits cailloux ressemblant à de gros pois. Il n'en fallait pas davantage pour frapper l'imagination des orientaux. Ecoutez la légende qui en est sortie. Un homme semait des pois chiches. — « Que sèmes-tu là, mon ami ? demanda Jésus qui passait. — Des pierres, répondit sèchement le semeur. — Eh bien, tu récolteras des pierres ». — Et la chose arriva comme Jésus avait dit.

Morale : Il ne faut pas mentir, on ne trompe pas le Seigneur. — On pourrait ajouter : Chacun récolte ce qu'il a semé.

Tout près de là se dresse, semblable à une forteresse, le couvent grec de Saint-Elie, dont l'origine remonte, dit-on, au temps d'Héraclius. Sur le bord de la route, on montre un rocher qui serait le lieu où s'était couché, fatigué et presque découragé, à l'ombre d'un genévrier, le prophète Elie, lorsque, fuyant la colère de Jézabel (Rois, III, C. XIX, v. 3), il vint dans les déserts de Juda. Avec un peu de bonne volonté, on peut distinguer sur le rocher l'empreinte en creux d'un corps humain. Empreinte miraculeuse ou non, toujours est-il que le couvent de Saint-Elie qui en consacre le souvenir a une longue histoire très mouvementée.

Une opinion, d'ailleurs récente, place encore là, dans un champ où se voient les ruines d'une ancienne église, le lieu où un ange vint saisir « par un cheveu de sa tête *capillo capitis sui* » (Dan. XIV. 32-38), le prophète Habacuc, et le transporta subitement à Babylone, pour y nourrir Daniel dans la fosse aux lions.

Nous sommes ici à moitié chemin, et sur le haut du plateau, à 798 m., au-dessus du niveau de la mer. La vue s'étend au loin. — Regardez là-bas au midi, c'est Bethléem (*la Maison de Pain*), qui abrite dans les flancs de l'une de ses collines la grotte où le Sauveur est né. — Du côté opposé, vers le nord, c'est Jérusalem, avec la Basilique, qui recouvre à la fois le Calvaire où il est mort, et le St-Sépulcre où reposa son Corps sacré. — Et cette colline qui domine la Ville Sainte à droite, c'est le Mont des Oliviers, d'où il est monté au Ciel. Quels souvenirs !

Mais allons plus loin. Voici, à droite, sur le bord de la route, un autre monument plus curieux encore et non moins célèbre. C'est le *tombeau de Rachel*, épouse de Jacob, laquelle mourut en ce lieu, en donnant le jour à son fils *Benjamin*. Ici il ne s'agit plus de légende, nous sommes en possession d'une tradition authentique, fondée sur la Bible elle-même (Gen. XXXV. 16-21), et objet depuis près de quatre mille ans de l'attention et de la vénération des Israélites d'abord et après eux des chrétiens et des musulmans eux-mêmes. Il y a toujours eu là un monument sous une forme ou sous une autre. Jadis c'était une pyramide de douze pierres, représentant les douze fils de Jacob ou les douze tribus d'Israël. Actuellement c'est un petit édifice carré (de 4 mètres de côté) surmonté d'une coupole. Il est précédé d'un vestibule et entouré d'un mur d'enceinte. A l'intérieur un grand sarcophage ou tombeau vide, orné d'arabesques, et blanchi à la chaux comme la coupole et tout l'ensemble du monument. C'est l'usage chez les Juifs et les musulmans d'enduire les tombeaux de chaux, de sorte qu'ils brillent au soleil et qu'on les voit de loin. Ce qui faisait dire à Notre-Seigneur : « *Malheur à vous, scribes et pharisiens hypocrites ! parce que vous êtes semblables à des sépulcres blanchis, qui, au dehors paraissent beaux aux yeux des hommes, mais au-dedans sont pleins d'ossements de morts et d'impureté de toute sorte* ». (Math. XXIII, 27).

En souvenir de la belle Rachel, l'épouse de Jacob qui fonda la maison d'Israël, aujourd'hui dispersée, juifs et juives viennent, à certaines époques de l'année, pleurer, autour de ce catafalque de pierre, leur deuil national, et chanter, en se dandinant, leurs lamentations, comme au *mur des pleurs* dont je vous ai parlé (Jérémie XXXI, 15).

Relisez dans l'évangile de St-Mathieu, (II. v. 16-18) l'histoire du massacre des Saints Innocents ; vous verrez qu'il évoque la même douleur, ce qui prouve l'ancienneté et l'authenticité de la tradition.

A peine avons-nous dépassé ce célèbre monument que notre route se divise en trois directions ; — l'une vers *Hébron*, où se trouve le tombeau d'Abraham ; — une autre vers un important village, de près de 5.000 habitants, *Beit-Djallah* ; — la troisième vers *Bethléem*, que nous apercevons devant nous. C'est là que nous nous dirigeons, impatients maintenant d'arriver, et le cœur tout palpitant d'une religieuse émotion, à la vue de la ville bénie, aux si doux et si gracieux souvenirs.

Nous voici arrivés. Des flots de pensées envahissent notre esprit, au moment où nous abordons les premières maisons de la ville. Instinctivement nous cherchons l'hôtellerie, le *diversorium* de l'Evangile. Elle n'existe plus, mais elle devait être près de là. Il y en avait ainsi jadis à l'entrée de toutes les villes en Orient ; il en reste même encore quelques-unes çà et là. C'était tout simplement un grand quadrilatère à ciel ouvert, entouré de murs, avec portiques à l'intérieur, formant terrasse au-dessus. Les hôtels, encore maintenant, sont inconnus en Orient, même à Jérusalem, où cependant on commence à en construire à l'extérieur de la ville. Il n'y avait donc autrefois, pour loger la nuit les étrangers, que le khan ou caravansérail, désigné sous le nom de *diversorium*, qui était une sorte de dortoir commun, ouvert à tout le monde, et où les gens et leurs bêtes trouvaient un gîte et prenaient leur repos, en attendant de poursuivre leur route.

Joseph et Marie, le soir de Noël, arrivant à Bethléem, tout comme nous, à la tombée de la nuit, se présentèrent au *diversorium* pour s'y arrêter. Mais, hélas ! c'était jour de presse, à cause de l'édit d'Auguste qui mettait tout le monde en mouvement. L'hôtellerie se trouvait déjà pleine. Il n'y avait plus de place pour nos saints voyageurs, nous dit le saint Evangile. Ils durent chercher ailleurs. Ils traversèrent toute la ville, et rencontrèrent à l'autre extrémité, dans les flancs de la colline, la grotte servant d'étable : c'est là qu'ils s'arrêtèrent. Vous savez la suite de cette touchante histoire.

Pour nous, heureux pèlerins, nous n'eûmes pas à chercher notre gîte pour la nuit ; nous savions où aller. A peine entrés dans la ville, nous apercevons là-bas, par dessus les maisons, à l'extrémité sud-est, une masse compacte d'édifices religieux : elle nous indique l'emplacement de la sainte Grotte, au-dessus de laquelle s'était arrêtée l'étoile des Mages. Nous nous hâtons vers ce lieu béni.

L'âme tout émue, nous descendons d'un pas rapide, et presque en silence, une rue étroite, assez mal tenue ; notre regard ne perd pas de vue le sanctuaire, et nous passons, sans les voir, à côté des ateliers borgnes où les ouvriers en nacre fabriquent les objets de piété que nous verrons tout à l'heure étalés partout. Enfin, après un quart d'heure de marche, par des couloirs impossibles, enchevêtrés de maisons, nous arrivons sur la place voisine de la grotte, en longeant le cimetière qui l'entoure à l'ouest, et dont je vous reparlerai.

Devant nous se dresse, comme une forteresse, le couvent des P. Franciscains attenant à la Basilique de la Nativité. Par une porte très basse, puisqu'il faut se courber pour passer, nous entrons dans le cloître. Un bon frère franciscain, après nous avoir offert un rafraîchissement, nous conduit à la cellule (à 4 lits) que nous devions occuper, et nous indique le chemin de la sainte Grotte, où nous avions hâte d'aller nous agenouiller. C'est tout un voyage à travers un vrai dédale de corridors. Enfin nous voici à l'entrée. On y descend par un escalier en marbre très glissant, de seize marches, éclairé seulement par les lampes de la Grotte.

Avec quelle émotion on pénètre dans ce béni sanctuaire où Jésus est né ! Au bas de l'escalier, à gauche, dans un petit enfoncement en forme d'abside, est un autel étroit, au-dessous duquel brillent des lampes, entourant et éclairant une *étoile d'argent*, encastrée dans le marbre du pavé où se lisent ces mots :

Hic de Virgine Maria Jesus Christus natus est (1717).
Traduction : « Ici Jésus-Christ est né de la Vierge Marie ».

Instinctivement on tombe à genoux, on embrasse avec ardeur ce pavé dont l'inscription rappelle un si saint mystère. Puis on prie, on médite, on est ému, les larmes montent jusqu'aux paupières, et l'on est heureux de pleurer un peu de reconnaissance et d'amour, le cœur tout palpitant et tout rempli de sentiments doux et suaves, impossibles à décrire.

On oublie tout le reste ; le lieu lui-même se transfigure, marbres, tentures, lampes, tout disparaît ; on ne voit plus que l'étable du soir de Noël ; on se représente l'auguste Vierge, avec le divin Enfant dans ses bras, cherchant un endroit propice pour lui servir de berceau ; puis le déposant là-bas, un peu plus loin, dans la crèche même de l'étable, sur un peu de paille. Avec Marie, avec Joseph, avec les bergers et les Mages, on adore et on remercie. Ce sont des minutes qui valent des siècles. Merci, doux Jésus, de me les avoir fait vivre.

Le plus profond silence régnait dans la Grotte. Aucun jour ne vient du dehors : seule la lumière pâle des 53 lampes éclaire mystérieusement les objets. Cela suffit. On voit bien plus par l'esprit que par les yeux, et on ne se lasse pas de méditer et de prier. Ah ! je comprends que St-Jérôme ait voulu établir là sa demeure et y scruter les Ecritures ! Je comprends que sainte Paule, sainte Eustochium, et tant d'autres, aient tout laissé pour vivre là dans la solitude et le silence !

Nous serions nous-mêmes restés longtemps à prier en ce lieu, tant la prière y est douce ! Mais il fallait remonter pour le repas commun. Nous visitons un peu à la hâte la Grotte, puis nous rentrons au Couvent, où d'autres pèlerins nous attendent déjà dans la salle à manger.

Nous eûmes cependant encore le temps de monter sur la terrasse de la maison, pour voir Bethléem et la campagne aux derniers rayons du soleil couchant. Le panorama est magnifique. La ville de Bethléem apparaît de là presque toute entière, gracieusement assise en forme de croissant sur la jonction de deux riches collines, couvertes de vignes et d'oliviers. Ses maisons toutes blanches s'étagent en amphithéâtre, et ferment l'horizon à l'ouest, tandis que du côté de l'est, la vue s'étend au loin sur la plaine des *Pasteurs*, jusqu'aux montagnes qui surplombent la mer Morte.

Que de souvenirs affluent à la mémoire ! que de saintes pensées remplissent le cœur, quand on contemple de ce lieu sacré entre tous la ville de Juda ! Là fut le berceau de la famille de David et de toute son histoire jusqu'au Christ Jésus ; plus bas, dans la plaine, voici les champs de Booz, où glanait Ruth la Moabite ; ici, sur la droite, *Beit-Saoûr*, le village des Pasteurs; et un peu plus loin, le mamelon qui se montre là-bas, au beau milieu de la vallée, c'est le lieu où les bergers de Beit-Saoûr veillaient, à tour de rôle, la nuit de Noël, à la garde de leurs troupeaux endormis à leurs pieds.

Cette évocation de la vie pastorale d'autrefois a un charme tout particulier à Bethléem. Car rien n'est changé ; les pâtres y vivent comme jadis. Et justement, tandis que nous emplissons nos yeux de ce beau panorama et nos cœurs de ces souvenirs bibliques et évangéliques, deux taches (noire et jaune) apparaissent au loin contre les collines de Juda, à l'est, se mouvant et s'avançant d'une façon indécise, comme ferait une ombre projetée par un nuage sur le flanc de la montagne ; et cependant ce n'est pas un nuage, le ciel est clair et pur ; ce n'est pas une ombre, le soleil vient de se coucher derrière les maisons de Bethléem. Ce sont, nous dit notre guide, deux troupeaux, l'un de chèvres, l'autre de moutons, 200 à 300 têtes chacun, et qui dévalent des hauteurs vers la plaine pour la nuit. Il nous semble voir les Bergers de la Crèche au milieu d'eux, et tout aussitôt se reconstituent sans peine à notre souvenir les scènes de la soirée et de la nuit de la *Nativité*.

Mais il est temps de descendre, nous aussi. Figurez-vous que nous sentions le froid, là-haut sur la terrasse, à 8 heures du soir, en plein mois de mai, le 25. Il est vrai que nous avions eu bien chaud la journée. Si donc vous entendez jamais dire qu'il ne faisait pas froid, la nuit de la Nativité du Sauveur, le 25 décembre, à Bethléem, réservez votre jugement. C'est possible. Mais je me permets d'en douter. Il fait souvent très frais ici, la nuit, même en été.

Après un très cordial et assez bon repas, nous regagnons notre chambre : à quatre lits, vous ai-je dit. Or, un seul des quatre était protégé par une moustiquaire. Comme j'avais le privilège très appréciable d'être le plus ancien, disons le mot, le plus vieux de la bande, on me jugea le plus vénérable, et on m'attribua, par honneur, le lit à moustiquaire. Voulez-vous savoir ce qui en résulta ? Le voici. A peine fus-je couché et prêt à dormir, que toute une légion de moustiques, lances en avant, fondit sur moi, en sifflant des airs guerriers, et s'abreuva de mon pauvre sang à bouche que veux-tu. Les perfides ! ils s'étaient tous embusqués sournoisement, pendant le jour, sous la gaze qui enveloppait mon lit, et ils avaient beau jeu vraiment à s'acharner par dizaine, par centaine, contre moi tout seul, tandis que mes compagnons de chambre dormaient paisiblement à mes côtés. Vous saurez maintenant (et moi aussi !) ce que c'est qu'une moustiquaire : un ample voile blanc en gaze, suspendu à un ciel-de-lit, et entourant de toutes parts une couchette, de façon à emprisonner sous ses plis soigneusement le plus grand nombre possible de moustiques, pour le plus grand agrément du mortel privilégié, jugé le plus vénérable et par là même le plus digne d'offrir à ces insectes sa peau à transformer en passoire.

.·.

Pardonnez-moi le récit de cet incident. Et croyez que c'est bien peu de chose, ces petites misères, au milieu des joies sans prix de ces précieuses journées.

A 2 heures, on vient me réveiller pour dire la sainte Messe vers 3 heures à la Grotte ; j'avais été désigné pour célébrer le premier. Je me hâtai de descendre au Sanctuaire. Et après avoir collé avidement mes lèvres sur l'étoile d'argent, indiquant le lieu de la Nativité, je me mis en prière de toute mon âme. Priais-je en silence, ou à haute voix ? Je ne sais ; mais je priais délicieusement, le front courbé vers ce sol sacré, où reposa le doux petit Jésus, dès sa naissance. Mon Dieu ! Que l'on est heureux d'être là ! on y passerait sa vie en oraison.

Je me croyais seul, lorsque tout à coup j'entends comme le

bruit d'un fusil dont la crosse tombe au repos sur le sol. Ce bruit soudain me fait tressauter, et, me tournant à demi instinctivement, je vois à côté de moi dans la Grotte un soldat turc, en faction, les pieds sur un escabeau. J'étais rassuré.

Je me ressouvins alors que, pour éviter une nouvelle guerre de Crimée, comme celle de 1854, amenée par les criminels envahissements des Grecs schismatiques dans les Lieux Saints, et spécialement le vol de l'étoile d'argent du lieu de la Nativité, le gouvernement turc est, depuis longtemps, obligé d'avoir jour et nuit des soldats en armes dans ce Sanctuaire même, où est né, il y a 10 siècles, le Prince de la paix, *Princeps pacis*, et où les anges célestes chantaient à la terre l'avènement de la pa.x pour les hommes : *Et in terrd pax hominibus bonæ voluntatis.* Ironie des choses ! Que la politique fait donc de mal en ce bas monde ! On ne peut pas seulement prier en paix auprès du Berceau du Sauveur. Il faut qu'on y soit gardé et protégé par un factionnaire musulman ! Ces braves soldats turcs sont d'ailleurs très bienveillants et parfaitement corrects pour nous.

Remis de ma suprise, j'allai me préparer pour célébrer la Sainte Messe.

Il y a deux autels dans l'Etable : — celui de l'entrée dont j'ai parlé plus haut, qui appartenait jadis aux Latins, comme l'atteste l'inscription latine, gravée sur l'étoile d'argent, mais que les schismatiques nous ont volé, et que Napoléon n'a pas su nous faire rendre, après la victoire de Sébastopol; nous ne pouvons plus y célébrer, les Grecs seuls y font leurs offices ; — et un autre, un peu plus loin, du côté où se trouvait la crèche, dans laquelle la Ste-Vierge Marie étendit sur la paille le divin Nouveau-né.

A cet endroit, la voûte de la Grotte s'incline fortement, et le sol lui-même est de 3 marches plus bas qu'à l'entrée. Vous savez que le bois de la sainte Crèche a été transporté à Rome, et se conserve dans la chapelle du St Sacrement de la Basilique de Sainte-Marie-Majeure. Un renfoncement dans la paroi rocheuse indique le lieu où elle était. Mais, à cause de l'abaissement de la voûte, on a dû dresser l'autel

À une petite distance d'environ 1 mètre 50 de là. Cet autel appartient exclusivement aux Latins. Il s'appelle l'autel des Trois-Rois, et il est dédié aux Mages de l'Orient, qui, conduits par l'étoile miraculeuse, vinrent se prosterner ici devant le Maître du Ciel et de la terre, sous les traits d'un faible enfant.

C'est là que j'ai eu le bonheur de dire deux fois la *Messe du jour* de la Nativité, et d'adorer, moi aussi, entre mes propres mains, Celui qu'a voulu reposer en ce lieu tout petit enfant, pour y recevoir les adorations de Marie et de Joseph, ainsi que celles des Bergers et des Mages, ses premiers disciples. Quelle impression profonde saisit l'âme du prêtre, quand il récite ici le Cantique des Anges : *Gloria in excelsis Deo, et in terrá pax hominibus!* Avec quelle émotion il se prosterne, en redisant après tant de siècles la solennelle formule de notre *Credo* : **et homo factus est !**

Quelles scènes émouvantes et divines rappelle et renouvelle en même temps le St-Sacrifice, offert en cette Grotte obscure ! Emu et confondu, on ne sait que penser ; on croit et on adore, on aime et on pleure. Saint Enfant Jésus de la Crèche, mêlez nos larmes à celles que vous avez versées en ce lieu pour nous !

Quand on est heureux, le temps n'a pas de mesure. Après avoir célébré, je restai là, assistant aux Messes qui suivirent et priant jusqu'à 5 heures. Vous pensez bien que je ne vous ai pas oubliés, ni vous, ni personne ; car il semble qu'on est ici plus près de Dieu ! C'est à peine si j'entendais les Grecs célébrant leur office de nuit dans le chœur de l'église, situé au-dessus de la Grotte ; et cependant, Dieu sait si leur chant criard fait du bruit et fatigue l'ouïe. Mais je dus, à plusieurs reprises, m'écarter devant leur Diacre qui, à tout moment, descend de là-haut avec son encensoir fumant, et vient, sans dignité aucune et tout seul, encenser tous les coins et recoins de la Grotte. Ce spectacle attristant ne laisse pas de faire souffrir nos cœurs de catholiques ; mais il se représente si souvent, dans tant de sanctuaires de Terre-Sainte, que l'on finit par n'y faire plus attention.

L'heure du départ venue, nous remontâmes au Couvent

prendre un petit déjeûner. Puis il fallut partir et retourner à Jérusalem rejoindre le Pèlerinage. Mais nous emportions dans notre âme ample provision de joie, cueillie au Berceau de l'Enfant-Dieu, avec la pensée du revoir dans quelques jours.

J'attendrai ce retour pour achever de vous décrire Bethléem et ses inoubliables charmes. A bientôt.   F. B.

.

P. S. — Je veux encore vous faire part, avant d'expédier ma lettre, d'une bonne nouvelle qui nous a été communiquée, pendant que nous déjeûnions et en partant. Tout ce qui favorise nos pèlerinages aux Lieux Saints nous intéresse.

A mon premier pèlerinage, j'avais été choqué, comme les autres, de ce fait : pour pénétrer au couvent de *Casa Nova* des R. P. Franciscains, le seul hôtel pour les pèlerins à Bethléem, il fallait traverser un cimetière non clos, se confondant avec la place, et passer à travers tout un enchevêtrement de pierres tombales, sans croix, et disposées sans ordre aucun (car en Orient on n'aime pas le changement). Puis du cimetière, on passait par la petite porte basse, dont je vous ai parlé, dans le parvis de la Basilique, et de là par d'interminables couloirs on finissait par arriver. Pas moyen de faire autrement : tout devait prendre ce chemin, même la nourriture, même les pierres et le mortier pour bâtir. Musulmans d'un côté, Grecs de l'autre, et enfin la Basilique, enserraient complétement le Couvent.

Depuis des siècles, les Franciscains luttaient, mais en vain, pour dégager leur *prison*. Or, grâce à l'habileté et à la fermeté de notre Consul Général, ils ont enfin triomphé tout récemment, et obtenu des concessions, vraiment incroyables pour qui connaît l'Orient, savoir : 1° le cimetière a été réduit de moitié, et entouré d'une clôture en pierres avec grilles au-dessus; 2° Les Pères ont offert et obtenu de faire cette grille en fer à leurs frais, moyennant quoi on leur a cédé une bande de terrain variant de 10 à 15 mètres tout autour de leur couvent, à l'ouest et au nord. En sorte que le couvent, où les pèlerins reçoivent une hospitalité si aimable et toute gratuite, est maintenant entièrement dégagé, et on y accède comme on veut, à pieds ou à cheval.

Estimez cela, c'est une grande victoire du Protectorat français, bonne à proclamer.   F. B.

Retour à Bethléem

Deux jours après notre excursion à Bethléem, dont je vous ai parlé dans une précédente lettre, j'avais la joie d'y retourner avec le Pèlerinage tout entier : c'était la Station du jour.

Lever à 4 h. 1/4, départ de N.-D. de France à 5 heures, en voiture, et course échevelée sans arrêt jusqu'au t... it. Nous croisons plusieurs caravanes de chameaux, se dirigeant vers Jérusalem.

Je remarque en arrivant, que, depuis 1893, il s'est construit à Bethléem beaucoup de maisons nouvelles. C'est qu'en effet la ville de Juda s'accroît rapidement, depuis quelques années surtout. Ce n'est plus la petite cité, dont le prophète Michée disait (ch. V, v. 2.) : *Et toi, Bethléem-Ephrata, tu es petite entre les mille villes de Juda ; mais de toi sortira Celui qui doit régner sur Israël.* » Ce n'est plus le misérable petit village du moyen-âge, dont le chroniqueur Ernoul disait, vers 1230 : « *Bethléem est cités, mais n'est mie grans, qu'il n'i a c'une rue.* »

D'après le recensement de 1905 (car on y fait de nouveau, comme du temps de Joseph et de Marie, des recensements), elle compte, dit-on, plus de dix mille habitants, sujets ottomans, non compris dans ce chiffre les Européens de passage ou étrangers. La population catholique est de près de 6.000. Jamais depuis dix-neuf siècles, cette proportion n'avait été atteinte. Ce résultat est dû en grande partie aux Œuvres catholiques, et spécialement aux établissements d'éducation. La France y tient la plus large place. Les *Sœurs de St-Joseph de l'Apparition* (de Marseille) y ont une école paroissiale de près de 400 élèves, et une autre maison en dehors de la ville, comprenant orphelinat, asile, école, avec

200 enfants. Les *Sœurs de S. Vincent de Paul* ont un hôpital, un orphelinat, une crèche ; les *Frères des Ecoles chrétiennes*, un petit noviciat, où réside leur Provincial de Syrie, le bon et sympathique *Fr. Evagre*, si connu. L'enseignement est donné aux garçons par les *Franciscains* et les *Salésiens*. Il y a de plus un couvent de *Carmélites* françaises dont je vous parlerai ; et une riche Dame (du Calvaire de Lyon, je crois), fonde en ce moment une œuvre d'incurables que nous avons visitée. A Bethléem, plus que nulle part ailleurs, on se sent presque en terre française ; et les constructions modernes se rapprochent un peu des nôtres.

Par exemple, ce qui n'est pas français, c'est la malpropreté des rues et leurs dispositions tortueuses, avec leurs boutiques borgnes et leurs ateliers sombres.

Les habitants de Bethléem sont en général actifs et industrieux. Leur grande industrie est la fabrication des objets de piété de toute sorte, surtout en nacre, ou en calcaire bitumineux et en produits divers des environs de la Mer Morte. Ils sont exubérants, et aimables, empressés, *collants*, au point d'en être fatigants et importuns : pas moyen de s'en défaire, tellement ils sont *crampons*, avec d'ailleurs la meilleure grâce du monde, et une profusion de sourires, de compliments, et même de manières familières, à rendre des points aux poissardes de Marseille.

La première fois qu'on se trouve au milieu de cette cohue de braves gens, vous appelant des noms les plus doux, et en bon français généralement, vous tirant sans façon par le bras pour vous faire entrer dans leurs magasins, s'offrant à vous satisfaire pour tout ce que vous pouvez désirer et même ce que vous ne désirez pas du tout, on est tout abasourdi, et amusé. A la fin on s'en fatigue.

D'ailleurs ce n'est pas là qu'il faut voir le caractère traditionnel des vrais Bethléemites. Ceux-ci, sont graves et solennels. Leur belle prestance est proverbiale, et leur antique costume, qui est, dit-on, celui-là même du temps de Jésus, et du temps de David, charme par son ensemble original et pittoresque, et ce n'est pas une des moindres curiosités de ce pays. Celui que portent les femmes surtout est très élégant et ne ressemble en rien à ce qui se voit ailleurs. Autant qu'on en peut juger, il est riche et d'un goût exquis, bien que paraissant au premier abord un peu bariolé. Elles ont une manière de porter le grand voile blanc attaché au-dessus de leur tête, qui leur donne des airs de reines.

Ce voile ou *Couffié*, chez les Bethléemites, descend seulement jusqu'à la ceinture, comme chez nos religieuses, à la différence des femmes de Jérusalem et de la Syrie en général, dont le couffié blanc les enveloppe de la tête aux pieds, comme des premières communiantes.

Mais la particularité la plus singulière de leur accoutrement, du moins des femmes mariées (et là on se marie très jeune), c'est une sorte de chaînette de métal blanc qui borde gracieusement leur coiffure, élevée sur le front, en forme de couronne, et ornée de sequins d'or, puis descend de chaque côté de la figure comme une mentonnière, et retombe ensuite sur la poitrine, en chapelet de *grosses pièces d'argent*.

Ce dernier détail devait naturellement intriguer nos chères pèlerines ; elles ne pouvaient manquer de vouloir s'en rendre compte ; et je vois encore un groupe de nos parisiennes entourant, sur la place, une jeune femme Bethléemite qui pouvait bien avoir 14 ou 15 ans au plus, fort élégamment vêtue, et lui faisant subir un véritable examen, auquel elle répondait modestement et en souriant, sur toutes les parties de son costume et notamment de sa coiffure. C'est ainsi que j'ai appris, grâce à nos aimables examinatrices de Paris, une chose que j'ai mieux connue ensuite en la confirmant d'autre part : c'est que ces pièces de monnaie que les femmes mariées portent autour de la tête et sur la poitrine, c'est tout simplement leur dot. Eh oui ! c'est comme ça. Plus les sequins sont gros, et plus il y a de pièces d'argent sur le plastron brodé qui couvre la poitrine, plus riche a été la dot. Et cela, afin que nul ne l'ignore.

Rien n'est plus curieux que l'aspect de la place qui est devant la Basilique, le dimanche surtout, et en général le matin et le soir. On dirait un rendez-vous de saltimbanques.

Par contre, entrez à l'église, quand toute cette foule y est réunie pour assister aux saints offices, rien n'est plus édifiant : ces braves gens, hommes et femmes, sont vraiment recueillis. Les enfants eux-mêmes m'ont ravi par leur tenue et leur attention pendant la messe. Quand nous sommes arrivés le dimanche matin, c'était le moment de la messe des enfants des écoles chrétiennes. Ils étaient là près de *quatre cents*, garçons du côté de l'évangile, et filles du côté de l'épître, sous la surveillance des Frères et des Sœurs. Il n'y a ni bancs ni chaises bien entendu, comme partout en Orient. Ils étaient donc tout simplement assis *en tailleur* sur le pavé, dans le plus grand ordre, et ils regardaient l'autel, où se célébrait la Sainte Messe, disant de temps à autre quelques prières à haute voix. Nous avons traversé toute l'église par le bas côté. Or, je n'ai pas vu un seul de ces petits anges adorateurs tourner la tête pour nous regarder. Nous en étions émerveillés. Je ne crois pas qu'en France on trouvât mieux, je ne sais pas si on trouverait aussi bien, j'en doute.

Nous voilà donc arrivés. Il s'agit de dire la Messe. Laissant à nos confrères nouveaux venus le bonheur de célébrer à l'autel de la Crèche, dont nous avions joui deux jours auparavant, nous cherchons un autel libre dans les grottes qui avoisinent celle de la Nativité et dont je vous reparlerai tout à l'heure. Par une rencontre doublement heureuse, je me trouve presque seul en arrivant dans la *Chapelle de St Joseph*, qui touche à celle *des Saints Innocents*. Vous pensez si je fus enchanté d'y prier, et d'y offrir le saint Sacrifice pour nos chères sœurs et nos nombreux petits innocents de l'asile, des pensionnats et des sourdes-muettes. Oh ! qu'il fait donc bon prier en ces souterrains mystérieux, pleins de tant de souvenirs ! Songez donc. Cette chapelle où je suis, semble n'avoir été autrefois qu'un prolongement de la Grotte de la Nativité, dont elle est maintenant séparée par un mur, et c'est peut-être en ce lieu, une pieuse tradition le suppose, que dormait St-Joseph, quand il reçut de l'Ange l'ordre de fuir en Egypte. Et dans la chapelle à côté, plus basse de quelques marches et communiquant avec celle-ci, on aperçoit par une ouverture pratiquée dans le rocher, entre deux, l'autel qui couvre le caveau, où furent recueillis, toujours au dire de la tradition, les restes immaculés des pauvres petits Innocents, victimes de la férocité d'Hérode. Chaque soir, à la procession qui se fait à travers les sanctuaires, les enfants de chœur Bethléémites, en arrivant devant cet autel, chantent de leur voix argentine, en l'honneur de leurs bienheureux petits frères martyrs, l'hymne *Salvete flores martyrum*, « Salut, fleurs des martyrs..., moissonnés comme des roses emportées par un tourbillon. O vous, premières victimes du Christ... vous vous jouez innocemment sous l'autel même, avec des palmes et des couronnes. » Quelle poésie mélancolique et suave, religieuse et divine, on respire en ce lieu !

Nos messes dites, et après une fervente action de grâces près de la sainte Crèche, nous remontons dans l'église franciscaine de sainte Catherine, où doit avoir lieu le Salut du Saint Sacrement. Le P. Paul d'Orléans nous adresse une pieuse et instructive allocution sur les souvenirs que rappelle ce sanctuaire. Puis, nous nous mettons en procession, cierges en mains, pour visiter en détail sous la direction de nos guides, tous les sanctuaires que recèlent les profondeurs de ces roches bénies.

De l'église Ste-Catherine on se rend à la Grotte de la Nativité, par un passage réservé aux Franciscains, à côté de l'autel des Arméniens. Croiriez-vous que ces malheureux schismatiques étendent sans cesse leur tapis un peu plus loin sur le passage pour empiéter sur nos droits, et qu'il faut à tout instant l'intervention de notre Consul général pour les faire reculer et rentrer chez eux ? Quels fourbes ces sectaires ! quelque temps avant notre arrivée s'était produit un incident de ce genre.

Sur ce passage également, mais dans un coin un peu retiré, campe jour et nuit le corps de garde turc, préposé à la surveillance de la Grotte, toujours à cause de ces fanatiques Grecs, capables de tout.

Nous voici de nouveau dans l'Etable. Après une ardente prière, on nous en fait visiter toutes les parties. Elle était jadis au niveau du sol extérieur, et on y arrivait de plein pied. Mais le terrain avoisinant s'est exhaussé peu à peu, et, lors de la construction de la Basilique constantinienne, la Grotte fut transformée en crypte. Pour y descendre plus facilement, on ouvrit deux entrées, auxquelles on accède par deux escaliers, placés aux deux côtés de l'abside, où se trouve l'étoile marquant le lieu saint de la Nativité du Sauveur. Le plafond rocheux de la voûte lui-même, trop peu solide, dut être renforcé par une maçonnérie. Telles qu'elles sont cependant, on aimerait encore à les voir, ces parois sacrées. Mais elles sont entièrement recouvertes d'une magnifique tapisserie rouge, en *toile d'amiante*, ornée de panneaux rappelant quelques traits de la sainte Enfance. Cette toile représente la France. Elle fut envoyée et placée là par ordre de notre Gouvernement, sous la présidence de Mac-Mahon, en 1874, pour remplacer une autre tapisserie, saccagée et brûlée par les Grecs schismatiques l'année précédente. Cela fait tout de même plaisir de voir notre patrie protégeant la Crèche de Jésus Enfant.

La forme de la Grotte, dans son ensemble, est à peu près celle d'un rectangle long de 12 mètres et large de 3 m. en moyenne, avec un évasement d'environ deux mètres de côté à l'endroit où était la Crèche. Vers le fond, à l'opposé de l'entrée, se trouve un puits, auquel la légende a fait donner le nom de *puits de l'étoile*. Car, dit un chroniqueur naïf du XIIIᵉ siècle, « c'est dans cette grotte où notre sire fut nés « et enveloppé de petits drapiaux, que le puits est, où l'es- « toile chaï (tomba) qui conduisoit les trois rois. »

Près du puits en question, une porte donne accès dans un couloir étroit, creusé dans le roc et conduisant aux autres grottes, qui font suite à celle de la Nativité. C'est un vrai dédale de pièces souterraines, au sol inégal, et complète-ment obscures. Mais nous avons nos chandelles allumées et de bons guides ; nous suivons avec confiance.

Nous passons d'abord dans la *Chapelle de St-Joseph*, où j'ai dit la Messe tout à l'heure, puis dans celle des *Saints Innocents*, beaucoup plus grande. Sous l'autel dédié aux petits martyrs du Christ, une *grille* en fer couvre l'ouver-ture d'un *caveau* bas et étroit, qu'on n'ouvre qu'une fois par an, la nuit du 27 décembre, fête des Sts Innocents. De là, par un nouveau couloir, creusé aussi dans le roc, vers le xvie siècle, on pénètre dans deux vastes salles successives, communiquant entre elles. La première renferme la tombe commune de Ste Paule et de Ste Eustochium, sa fille, et en face le tombeau vide de St Jérôme ; la deuxième, appelée *Chapelle* ou *Chambre* de St Jérôme, la seule qui soit éclairée par une fenêtre donnant le jour du dehors, est la cellule où cet illustre et saint Docteur de l'Eglise travaillait à la traduction des Livres Saints, pendant les nombreuses années qu'il passa à Bethléem, près du Berceau du Sauveur. Sainte Paule et sa fille, comme saint Eusèbe de Crémone, dont le tombeau est également là, étaient ses disciples. On éprouve un certain saisissement à repasser en esprit ces vieux souvenirs des premiers siècles de l'Eglise, dont les murs sont comme imprégnés.

Mais notre procession avance vite. Suivons-la. Nous montons par un dernier escalier de plus de 20 marches, et nous nous retrouvons à notre point de départ, dans l'église de Ste Catherine. Il nous reste à visiter la Basilique au-dessus de la Grotte de la Nativité. C'est un magnifique monument, le plus beau de la Palestine. Il remonte originairement aux premiers siècles, probablement à Constantin et à Ste Hélène. Il a eu à souffrir beaucoup, à diverses époques, il a subi maintes fois des restaurations importantes ; mais il n'a jamais été détruit entièrement et a toujours gardé sa physionomie primitive. Voulez-vous que je vous signale une de ces réparations qui m'a particulièrement frappé ? C'est celle de la charpente de la toiture, qu'on voit encore aujourd'hui à découvert, car elle est sans plafond. Ne dit-on pas qu'elle fut faite par un duc de Bourgogne, qui aurait fait venir d'Europe les bois nécessaires à ce travail ? Tiens ! mais est-ce que nos belles forêts du Bugey auraient par hasard fourni ces bois ? C'est bien possible.

La Basilique est en forme de croix. Elle a cinq nefs, formées par quatre rangées de dix colonnes chacune. L'ensemble a grand air. Mais hélas ! la politique qui gâte les plus belles choses a trouvé le moyen d'anéantir celle-ci.

Comme les Grecs, et après eux les Arméniens schismatiques, ont voulu s'en emparer, les Latins n'ont pas cru devoir les laisser faire. Vous pensez peut-être qu'on a reconnu leurs droits ? Ah ! bien oui. On a tout simplement, *laïcisé*, ou si vous aimez mieux *neutralisé* la Basilique. Parfaitement. La nef est *neutre*, c'est-à-dire que *personne* n'a le droit de s'en servir pour le culte, mais on peut y tenir des marchés et des foires, tout à l'aise. Les Grecs ont pris le chœur qu'ils ont séparé de la nef par un affreux mur, et les Latins ont eu... rien du tout. C'est ce qu'on appelle la *neutralité*. Vous voyez que la chose n'est pas nouvelle.

Toutefois, une chose m'a vivement frappé ici, comme à Jérusalem au saint Sépulcre. Je vous livre mon impression. La voici :

Vous savez que la masse immense et irrégulière des constructions du Saint Sépulcre renferme, dans son enceinte, non seulement le Saint Sépulcre et le rocher du Calvaire avec tous les sanctuaires qui l'environnent, mais encore un cercle d'habitations qui enserrent pour ainsi dire étroitement la Basilique proprement dite, et semblent protéger et surveiller le Sépulcre du Sauveur. Et là, dans ces demeures diverses qui n'ont qu'une seule sortie commune, à savoir le portail même de la Basilique, résident *jour et nuit* des hommes de tous les rites et de toutes les nations. On y voit, à côté des religieux franciscains, des popes russes, des moines schismatiques, des Arméniens, des Syriens, et jusqu'aux noirs Abyssins, qui, tous, occupent successivement le sanctuaire pour leurs cérémonies respectives ; pendant que les enfants de Mahomet en surveillent et en gardent exclusivement l'unique entrée. On dirait un rendez-vous des représentants de toutes les religions et de tous les peuples du monde, qui se disputent d'un œil jaloux une place près d'un sépulcre vide, le tombeau du Christ ressuscité. *Sepulcrum ejus erit gloriosum.* Ah ! il est bien gardé ; il n'y a pas de danger qu'on y touche ou qu'on y change rien !

Eh bien ! quelque chose de semblable s'observe à Bethléem. Le beau monument que la piété des premiers siècles a élevé sur le lieu du Berceau du Christ, sur la Grotte même dans laquelle il est né, est entouré par les hautes murailles de trois couvents, Grecs, Arméniens, Franciscains, qui l'enlacent en quelque sorte et le dérobent aux regards. C'est au point que, pour y arriver, il n'y a qu'une seule entrée étroite, commune à tous, et surveillée comme le Saint Sépulcre par un poste de soldats turcs. On n'y peut toucher, on ne peut même déranger un tapis ou une tenture, sans remuer le monde, sans qu'aussitôt toutes les chancelleries interviennent pour régler la moindre question. Telle est l'importance qui s'attache à ces Lieux sacrés !　　　F. B.

Tout près de Bethléem

La piété chrétienne se plaît, aux temps de Noël, à faire de naïves représentations de la Crèche, que l'on place au centre d'une campagne verdoyante, environnée de collines et de coteaux couverts d'arbres, avec des grottes mystérieuses et des ravins, des champs ensemencés et des prés fleuris ; puis tout un décor mouvementé, avec des maisons blanches, des personnages, des bergers, des troupeaux ; puis des caravanes de chameaux, d'ânes et de chevaux, etc. Est-ce bien cela, le paysage de Bethléem ? — Tout-à-fait. Rien n'y manque, et le cachet oriental, qui se mêle à tout, y répand un charme souverain.

Faisons une rapide promenade autour de Bethléem, et vous en jugerez.

Voici d'abord, à une petite distance de l'Etable, une très curieuse chapelle, connue sous le nom pittoresque de *Grotte du lait*. La Vierge Marie, dit la légende, au moment de sa fuite en Egypte avec Saint Joseph et l'Enfant Dieu, s'arrêta dans cette grotte, et en allaitant son divin Poupon, laissa tomber à terre quelques gouttes de son lait virginal. Par un miracle, le lait de l'auguste Vierge donna à la roche qu'il toucha une vertu spéciale. Et, depuis ce temps, les jeunes mères dont le sein se tarit, non seulement les catholiques des environs de Bethléem, mais les schismatiques et les musulmanes, même les juives, nous a-t-on dit, et jusqu'aux femmes des Bédouins, qui viennent pour cela du fond de leurs déserts, ont recours à cette vertu miraculeuse. Elles prennent un peu de cette roche, qui est crayeuse et friable, la font dissoudre, et la boivent, après avoir prié la Sainte Vierge, *Sitti Mariam*, Madame Marie, disent les Turques. Et toutes les pèlerines qui vont à la Grotte ne manquent pas d'emporter de cette pierre pour elles ou leurs amies. Sans doute cette poudre ne possède par elle-même aucune vertu médicinale, pas plus que l'eau de Lourdes : mais, depuis des siècles, des millions de femmes du pays et de l'étranger proclament que, grâce à l'intercession de Notre-Dame de la Grotte, leurs vœux ont été exaucés. Je connais personnellement une jeune mère bressane, qui, ne pouvant plus allaiter son enfant, a eu recours à ce moyen pieux. Rencontrant un jour son mari, je lui demandai si la Sainte Vierge avait exaucé sa candide confiance : « tout de suite, me répondit-il, et d'une manière *épatante !* »

Cette grotte était déjà convertie en chapelle, du temps de Sainte Paule, et on y célèbre tous les jours la Messe. Elle est assez vaste, basse et très irrégulière, et naturellement elle s'agrandit sans cesse et en tout sens, à cause des dégradations pieuses que l'on fait au rocher ; les parois sont toutes labourées de coups de couteaux.

Tout près de là, nous passons à côté de la nouvelle maison récemment construite par les Dames du Calvaire de Lyon pour les Incurables.

Et un peu plus loin, en descendant vers la plaine, nous rencontrons la petite chapelle, appelée *Maison de St-Joseph*, ou encore *Maison de Jessé*. Etait-ce réellement là l'emplacement de la demeure qui fut le berceau de la famille royale de David ? St-Joseph a-t-il possédé là une maison ? ou bien est-ce simplement un sanctuaire primitivement élevé en l'honneur du Saint Patriarche ? on ne saurait le dire. Toujours est-il que la tradition est fort ancienne.

De là, le regard embrasse au loin la vallée, au nord, à l'est et au midi, et nous avons devant nous, dans toute son étendue, le paysage ancien de Bethléem et de ses environs : collines, champs, troupeaux, oliviers, figuiers, arbres de toutes sortes, etc., se découvrent à perte de vue.

Le chemin descend maintenant rapide vers la plaine. Beaucoup de pèlerins s'en retournent. Avec mes deux compagnons de voyage et quelques autres, je poursuis vers le Champ des Pasteurs. Au bas de la côte, et à moitié chemin, nous passons par le village de *Beit-Sahour*, de 1.700 habitants, en grande partie grecs schismatiques. On croit que c'est le village auquel appartenaient les Bergers qui furent appelés par l'Ange au Berceau du Sauveur. Aussi les catholiques, peu nombreux, qui s'y trouvent, sont-ils fiers d'être les descendants de ces pâtres privilégiés. Ils montrent même sur un côté d'une place du village un puits, qui a conservé le nom de *Puits de Marie*. Voulez-vous savoir pourquoi ? — Parce que, dit la légende, Marie passant par là avec son divin Enfant, demanda à boire à un homme qui puisait. — Bois, si tu veux, répondit l'homme grossier ou gouailleur, sans tirer l'eau du puits. — Marie s'approcha alors, et voilà que l'eau se mit à monter, monter doucement, jusqu'à ce qu'elle eût atteint la margelle, pour désaltérer la Mère de Dieu, puis elle redescendit pour prendre son niveau ordinaire.

Nous avançons maintenant en pleine vallée, à travers champs et prairies. Quelques pâtres s'aperçoivent çà et là, gardant leurs troupeaux ; quelques bédouins aussi, avec leurs chameaux et leurs petits ânes, chargés de provisions qu'ils apportent des environs de la Mer Morte à Bethléem.

Vous ai-je dit que nous n'avions pas pu nous défaire d'un prétendu guide bethléémite, jeune encore et obséquieux au possible, qui, malgré nous, a voulu nous suivre jusqu'au bout ? Sans que nous lui demandions rien, il nous expliquait avec une bonne grâce sans pareille tout ce que nous voyions. Voici, nous dit-il, le *Champ de Booz*, celui où glanait Ruth la moabite, qui épousa ensuite Booz lui-même, et devint mère d'Obed, père de Jessé, et aïeul de David, tige bénie d'où sortit le Messie Sauveur. Je ne saurais vous dire quel charme on éprouve à faire revivre ici toutes ces scènes champêtres de la Bible. Ce champ de Booz, fortement ondulé, a bien un kilomètre de longueur et autant de largeur. Il est presque tout entier ensemencé d'orge ou de blé, qui déjà jaunit pour la moisson. Je vous en porterai quelques épis, que j'ai cueillis sur le bord du chemin pour vous.

Vers le milieu du champ, sur un tertre peu élevé, est un terrain carré, entouré de murs en pierres sèches, et planté d'oliviers et de grenadiers en fleurs. A travers d'énormes blocs de pierres et des éboulis de toutes sortes, qui décèlent les ruines d'une église, nous arrivons à un endroit où s'ouvre une grotte souterraine, appelée *Grotte des Pasteurs*. Ce serait donc là qu'a été annoncée la « bonne nouvelle », *evangeliso vobis gaudium magnum* ; là que les bergers, émerveillés de ce qu'ils venaient de voir et d'entendre, se disaient les uns aux autres : « allons jusqu'à Bethléem. »

Nous y descendons, pour la visiter. Un vieux popo grec, aux cheveux blancs embroussaillés, nous accueille le sourire aux lèvres et la main tendue, en nous disant : *bakchich !* Cela nous fait pitié ! Et la vue de la grotte ne fait qu'augmenter notre peine. C'est infect. Il y a cependant là un autel, où le vieux popo fait ses dévotions. C'est égal, ce triste spectacle a gâté notre joie.

On se dit, en voyant ainsi maltraités de si doux et si touchants souvenirs : ah ! si ces Lieux Saints, auxquels se rattache tant de poésie pieuse, appartenaient aux catholiques, que dis-je ? aux Français, comme tout changerait de face ! quelles belles églises s'élèveraient sur ces ruines amoncelées ! Quelle propreté prendrait la place de ces saletés accumulées par des siècles de schisme ! Pourquoi donc, ô mon Dieu, permettez-vous que des souvenirs si chers soient la proie de ces grecs paresseux et grotesques ? Oui, cela fait mal. Et c'est comme cela partout en Terre-Sainte, au point de scandaliser de bonnes âmes, qui ne peuvent supporter ce spectacle.

Adorons les desseins de Dieu. Il est certain qu'en France on ne supporterait pas ces choses. On ferait de merveilleuses basiliques sur tous ces Lieux bénis ; on les entourerait de belles maisons, de grands palais ; on y tracerait de vastes avenues, des rues superbes, etc., etc. Sans doute. Mais n'en-lèverait-on pas du même coup à ces horizons leur couleur locale ? Ne détruirait-on pas de la sorte le cachet biblique de ces souvenirs ? Ne leur enlèverait-on pas leur charme principal ?...

Allons ! ce que Dieu fait est bien fait. On n'en est pas moins vivement ému, et on éprouve un bonheur calme et doux à repasser les scènes évangéliques, qui se sont accomplies en ces parages. Et c'est de grand cœur et à pleins poumons, qu'en retournant vers Bethléem par le chemin de la vallée, celui que suivirent vraisemblablement les Bergers, nous chantions tous ensemble le *Gloria in excelsis*, avec le cantique populaire :

> Les Anges dans nos campagnes
> Ont entonné l'hymne des cieux ;
> Et l'écho de nos montagnes
> Redit ce chant mélodieux.... *Gloria....*

* * *

Il nous faut encore faire une visite au Carmel de Bethléem. Je vous ai dit que la ville est assise à la jonction de deux collines qui s'unissent en forme de croissant. Au-delà de ce croissant est une vallée étroite et profonde, qui court tout autour, et que surplombe à pic une autre colline, suivant la même direction que celle qui porte Bethléem. C'est sur la pente de ce coteau inclinant vers la ville, et en face même de la Grotte de la Nativité, que se trouve le Carmel français. Une riche demoiselle, Mlle Berthe de Saint-Cricq, séduite par le charme du site, et la proximité du lieu de la Nativité, qu'on aperçoit très bien, l'a fait construire en 1875.

La pieuse fondatrice voulut avoir pour chapelains du Couvent les Pères du Sacré-Cœur de Bétharram. On nous a raconté ce qui suit à ce sujet. Lorsque le Père désigné vint prendre possession de son poste, il fut stupéfait des proportions et de l'étendue de la maison qu'on lui destinait comme aumônerie. En effet, nous l'avons visitée, elle est immense, et ressemble elle-même à un vaste couvent. En 1893, notre pèlerinage eucharistique a fait une magnifique procession du S. Sacrement tout autour et dans le parc de cette maison. Le chapelain crut devoir faire remarquer à la fondatrice que c'était trop vaste, et qu'il ne voyait pas trop comment il pourrait occuper tant de bâtiments. « C'est bien grand en effet, répondit-elle. Mais ce sera pour y recevoir vos amis. »

— C'était une parole prophétique. Quelques années plus tard, en 1880, les Pères de Bétharram furent expulsés de leur couvent, près de Lourdes. Ils n'eurent rien de mieux à faire que de transporter leur noviciat dans la maison de l'aumônerie du Carmel à Bethléem. En sorte qu'il y a maintenant deux couvents français au lieu d'un, qu'avait voulu tout d'abord la pieuse fondatrice.

La Chapelle du Carmel est un vrai bijou, d'une fraîcheur, d'une élégance, et d'une architecture remarquables.

Les alentours de Bethléem

Pendant que je faisais ces visites aux environs de Bethléem et que j'allais prier une dernière fois à la Crèche du Sauveur, ne pouvant me détacher de ce sanctuaire d'amour, les voitures qui devaient aller aux *Vasques de Salomon* étaient toutes parties. Heureusement pour moi, elles étaient parties avant l'heure fixée. Je le fis constater au drogman, qui dut s'exécuter de mauvaise grâce et me fournir une voiture, puisque j'avais payé l'excursion. Après avoir cherché si d'autres pèlerins n'auraient pas eu la même aventure que moi, je montai seul en voiture, et je donnai ordre de partir. Alors un grand gaillard vint se mettre à côté du cocher, et nous partîmes à fond de train.

Si je vous déclarais que j'étais parfaitement rassuré, pour le moins j'exagérerais. Ce grand diable d'arabe sur ma voiture ne me disait rien qui vaille. Et nous marchions ! une vraie course folle, je ne vous dis que ça. Où allions-nous ? Je n'en savais rien.

Tout d'abord nous côtoyons, par un chemin de ronde faisant le tour de Bethléem, la vallée profonde qui borde la ville au midi et du côté de l'ouest, et nous tombons sur une large route que je suppose être la route de Jérusalem à Hébron. Notre course s'accentue. Mâtin ! ils en ont du jarret, ces petits chevaux arabes. Oui, mais c'est l'homme qui m'ennuie. Et puis, il sent horriblement mauvais, c'est à me boucher le nez. Heureusement que nous allons du côté du jardin parfumé, où Salomon venait chaque jour respirer l'air embaumé de douces senteurs.

C'est ainsi que je me rassure ; et j'admire, tout en courant, le magnifique paysage des lieux que nous traversons ; mais je ne perds pas un instant mon homme de vue. On ne sait pas ce qui peut arriver. Et toujours point de compagnons à l'horizon. Où ont-ils bien passé ?

Je prends mon guide pour me reconnaître, et je lis : « A 3 kilomètres environ du *Tombeau de Rachel*, un petit village à droite... » C'est bien ça — « ... où se trouve le couvent grec de S. Georges... » — Tiens, c'est curieux, en effet voilà bien là-bas une espèce de couvent. — « ... qui sert d'asile pour les aliénés... » Il ne manquait plus que ça. Est-ce que par hasard ?... Mais non, mais non, ils n'ont pas l'air de me conduire là-bas. Nous continuons à filer à 20 kil. à l'heure. Pourtant, si c'était là-haut qu'on me mène avec cette allure sauvage, que faire ?... Je ne trouve pas de réponse à ma question.

Je reprends mon livre : — « le traitement n'est pas compliqué dans cet asile ; les malheureux portent au cou un collier de fer, attaché au bout d'une forte chaîne. » Brr !!... comme on y va dans ce pays ! Bien sûr, si les gens qu'on leur mène ne sont pas fous, quand on leur met le carcan, ils n'ont pas de peine à le devenir, ainsi ficelés. Si l'on agissait de la sorte à notre asile S. Georges de Bourg, quels cris de patois on entendrait dans la presse et ailleurs ! Mais nous sommes en pays musulman, et chez les grecs schismatiques ; tout est permis.

Enfin nous avons passé outre : Dieu soit béni ! Qu'est-ce encore que cette construction là-haut sur la colline, espèce de quadrilatère, flanqué d'une tour à chacun de ses angles ? on dirait une forteresse, ou un château-fort. En effet c'est bien un fort, construit au XVIIe siècle, dit mon guide, pour loger les soldats préposés à la garde des Vasques de Salomon. Et il ajoute : « bien que, tout délabré, il est encore habité par deux *bachibouzoucks* ou gendarmes turcs. » A la bonne heure ! voilà qui est sage, et je commence à regarder mon homme de la voiture avec plus d'assurance : deux gendarmes... et moi, c'est assez pour la circonstance ; pourvu toutefois que les gendarmes se mettent de mon côté, car dans ces pays, on ne sait jamais !

Tout à coup nous quittons la grande route et nous passons au pied de la forteresse. Je suis sauvé ; j'aperçois les Vasques, et tout auprès, un groupe de pèlerins. Ma voiture s'arrête, et je descends, sans regarder mon arabe, que je n'ai plus revu. Surtout n'allez pas croire que j'ai manqué de courage. Voyons, est-ce que j'ai eu peur ? j'aurais bien voulu vous voir à ma place.

Je me hâte aussitôt vers les bassins. Les *Vasques de Salomon* sont en effet d'immenses bassins, creusés en partie dans le roc, soutenus ailleurs par de puissants contreforts en maçonnerie, et destinés à recueillir et à retenir l'eau nécessaire à l'arrosage de la région inférieure et à l'alimentation des troupeaux et des caravanes. Ces gigantesques réservoirs, disposés en forme de carrés longs, sont au nombre de trois, et se succèdent, de manière à se déverser l'un dans l'autre. C'est très très curieux, et vraiment bien imaginé.

Le 1er, le plus élevé des trois, a 116 mètres de long, sur 70 de large, avec une profondeur moyenne de 7 mètres. — Le 2e, celui du milieu, situé cinquante pas en aval, compte 129 mètres sur 70, et a 12 mètres de profondeur. — Le 3e, à 45 mètres plus loin, est le plus grand : il a 177 mètres de longueur, 83 de largeur, et une profondeur maxima de 15 mètres.

Des escaliers permettent de descendre jusqu'au fond, et des canaux y arrivent de différents côtés. Mais dans quel état de délabrement se trouve tout cela ! On reconnaît bien là l'insouciance paresseuse de l'arabe et du turc, qui laissent tout dépérir plutôt que de prendre la peine de réparer quoi que ce soit. Oh ! que leur apathie fataliste a causé de ruines !

La fontaine scellée. — D'où vient l'eau qui alimente les Vasques ? — D'abord des pluies qui tombent sur les collines et les montagnes environnantes, disposées en entonnoir au-dessus des bassins. Puis d'une source profonde qu'on appelle la *Fontaine scellée*, le *Fons signatus* du Cantique des Cantiques. C'est un vaste souterrain long de 12 mètres et large de 4 à 5 mètres, dans lequel on descend par un escalier sans rampes de 26 marches. Là un bassin rectangulaire reçoit

l'eau qui jaillit claire et limpide du roc vif par quatre ouvertures, et s'écoule ensuite, par un canal creusé dans le
rocher et couvert de voûtes, jusqu'à une autre bassin situé
au pied de la forteresse, où elle se mêle aux eaux d'une seconde source, moins abondante. De là toutes ces eaux se
partagent pour être dirigées, par des canaux souvent à fleur
de terre, les unes vers les *Vasques*, les autres vers Bethléem
et Jérusalem. Ce sont ces eaux qui approvisionnaient jadis
le Temple de Salomon et remplissaient la *Mer d'Airin* qui
servait aux sacrifices. Cela suppose des travaux hydrauli-
ques considérables, exécutés à diverses époques.

Mais pourquoi ce nom de *fontaine scellée*? Sans doute, dit
M. V. Guérin, parce que, « souterraine et de très difficile accès, puisqu'on n'y pénètre que par un orifice étroit, elle pouvait être aisément fermée et interdite au public, au moyen
d'une pierre marquée de l'empreinte du sceau royal (1). »
Et en effet, elle est tellement scellée encore maintenant,
qu'on ne voit que l'édicule élevé au-dessus de l'entrée ; et
avant d'y pénétrer, il faut un tas de *Salamalecs* et de *bakchichs*, pour faire ouvrir la porte de cave ogivale qui ferme
cette entrée.

Le jardin fermé. — Une partie des eaux, fournies par les
vasques et les fontaines, s'en va par une pente douce dans
une vallée extrêmement fertile. A cause du retard de mon
arrivée auprès des autres pèlerins, et ne me souciant guère
de me retrouver seul en face du terrible homme de ma voiture, je n'ai pas pu visiter suffisamment cette vallée célèbre.
Je n'en ai vu que le commencement. Mais elle est à voir.

La vallée porte aujourd'hui le nom de *Ouâdi Ourtâs*, Jardins d'*Ourtâs*. Elle est assez étroite, mais allongée de l'ouest
à l'est, et entièrement encadrée de montagnes qui la protè-
gent contre la rigueur des vents et y concentrent la chaleur
par réverbération. Ajoutez à cela la nature du sol, la haute
température de la région et une grande abondance d'eau ar-
rosant constamment la plaine ; et vous ne serez pas surpris

____

(1) *Description géographique, historique et archéologique de la Palestine*,
par M. V. Guérin, tome III.

d'apprendre que ce coin de terre est d'une fertilité prodigieuse contrastant étrangement avec la désolante aridité des collines d'alentour. Tout ce qu'on y cultive pousse avec une merveilleuse rapidité : pendant le cours d'une seule année, lisons-nous dans le *Guide franciscain de Terre Sainte* (p. 241), on a obtenu jusqu'à cinq récoltes de pommes de terre à la même place. Les vergers, avec leur grand nombre d'espèces d'arbres fruitiers, orangers, figuiers, pommiers, grenadiers, mûriers, y répandent le parfum, l'ombre et la fraîcheur, et en font un véritable lieu de délices. Un gazon abondant, chose si rare en Palestine, repose agréablement les yeux fatigués par les reflets éblouissants des rochers.

Il n'est donc pas étonnant qu'on ait localisé en cette vallée le *Jardin fermé* (Hortus conclusus) où se complaisait Salomon, et dont il parle dans le Cantique Sacré (*Cant.* IV. 12.). L'historien Josèphe (*Antiquités. L. VIII. C. VII*) nous apprend que le grand roi y venait chaque jour de grand matin, vêtu de blanc, monté sur son char, et entouré de ses gardes.

Quoi qu'il en soit, ce lieu est ravissant. Jusqu'ici il n'était habité que par des musulmans d'un assez misérable village. Il y a une sizaine d'années, un Prélat américain, Mgr Soléro, archevêque de Montévidéo, a eu la bonne inspiration d'établir là un couvent de Religieuses, pour y recueillir et élever de jeunes orphelines arméniennes, échappées au massacre des Turcs. Et il a donné à ces religieuses un nom destiné à rappeler les souvenirs bibliques attachés à ce lieu : Sœurs de *Santa Maria del Orto*, ou *Sœurs américaines du Jardin fermé*. Il était bon de faire chanter les louanges du Seigneur, dans ce Jardin célèbre, par des âmes pieuses, vouées à Jésus, l'Époux mystique de l'Eglise et des âmes, selon le langage du Cantique Sacré, et à la Vierge Marie, dont l'Office n'est qu'un long extrait du Cantique des Cantiques.

Et je vous l'assure, c'est un vrai charme pour le pèlerin de parcourir ces collines et ces sentiers mystérieux, en songeant à tout ce qu'ils rappellent de poétiques et religieux souvenirs.

Mais on ne peut pas y rester longtemps, hélas ! il faut partir. Déjà je vois de loin les premières voitures de pèlerins remonter du côté de la forteresse. Quelques retardataires attendent encore. Heureusement pour moi. Je me joins à eux, ne me souciant pas de me voir rester seul encore une fois. Et après avoir passé de nouveau devant la Fontaine scellée, je monte dans mon cabriolet; à ma grande satisfaction le cocher n'est pas accompagné. Allons, tant mieux ! je vais pouvoir jouir enfin en paix de ces curieux paysages.

Nous reprenons au galop de nos chevaux la route d'Hébron à Jérusalem. Il m'en coûtait bien de ne pas pousser une pointe jusqu'à *Hébron*. Etre si près, et ne pas aller voir ce pays si fameux dans l'histoire, où naquit le peuple de Dieu, cette terre des Patriarches, où ils vécurent longtemps sous la tente, où reposent les corps d'Abraham, Sara, Isaac, Rébecca, Jacob et Lia ! Si l'on peut, en cette ville fanatique, habitée par 20 mille Musulmans, faire abstraction du présent, il doit être curieux de se voir là même où semble avoir commencé l'histoire du genre humain; car Hébron est une des villes les plus anciennes du monde, peut-être la plus ancienne. La légende y voit le lieu où Adam fut créé, où nos premiers parents pleurèrent après leur chute, où Abel fut tué par Caïn. L'histoire d'Abraham y trouve la trace des principaux épisodes de sa vie, ainsi que celle de Jacob et de ses fils. Le fameux Chêne de *Mambré*, où le Seigneur apparut à Abraham, la caverne de Mac-péla, qui renferme tant de vénérables restes, et cent autres choses antiques, ne fût-ce que la terre foulée par des hommes dont la vie occupa une si grande place dans l'histoire des origines du monde.... on aimerait à voir tout cela. Mais il faut passer. Ainsi va la vie. Il faut marcher toujours, courir souvent, et se résigner à ne voir bien des choses que de loin et en esprit.

Voilà, ou à peu près, les réflexions que je faisais, en rêvant, solitaire, à ces vieux souvenirs, tandis que ma voiture, entraînée à une vive allure, m'emportait vers Jérusalem. Du moins, me disais-je pour me consoler, je jouis du même paysage que les Patriarches d'autrefois, je respire le même air, je contemple les mêmes horizons. Bien plus, comme rien ne change en ces contrées d'immobilité et de traditions séculaires, il est plus que probable qu'ils ont suivi maintes fois la route où nous galopons en ce moment. Ici ou là, sûrement ils ont passé tour à tour, avec leurs nombreuses familles et leurs innombrables troupeaux, campant sous la tente, offrant leurs sacrifices à Jéhovah, et guerroyant contre Chanaan. C'est par là sans doute qu'Abraham, partant de Bersabée, au sud d'Hébron, se rendit sur le Mont Moriah (à Jérusalem), avec son fils Isaac, pour accomplir l'ordre de Dieu et le sacrifier au Seigneur. Jacob, après avoir déposé dans son tombeau, que j'aperçois là-bas, la dépouille de sa chère Rachel, continua son chemin vers Hébron par la route que nous suivons. David y passa à la tête de ses soldats, marchant à la conquête de la forteresse de Jébus, qui devint plus tard Jérusalem. Et surtout, souvenir plus touchant, il me semble y voir passer précipitamment la Sainte Famille, fuyant vers l'Egypte sur l'ordre du Ciel.

On ne peut se défendre d'une douce émotion à rêver ainsi du passé, et à faire revivre en esprit toutes ces scènes bibliques.

Mais tandis que je rêve, notre voiture vient de rejoindre le groupe des autres pèlerins; nous approchons de la Ville Sainte. D'interminables caravanes de chameaux, que nous croisons sur le chemin, achèvent de donner à ce voyage sa vraie note orientale.

Nous voici près de Jérusalem.

Nous descendons à une allure vertigineuse la pente qui conduit à la vallée de *Hinnom*, et après avoir franchi la chaussée élevée qui traverse le fond du ravin, vers l'infecte mare, appelée *Birket es Sultan* (réservoir immense de 170 mètres de longueur sur 67 de largeur, mais presque toujours à sec), nous remontons, toutes nos voitures se suivant à la file indienne, vers la porte de Jaffa.

Je ne revois jamais cette porte sans me rappeler la scène, désormais historique, qui s'est déroulée un jour, et dont j'ai eu l'inoubliable joie d'être le témoin. C'était en 1893, le 13 mai, jour de l'entrée et de la réception solennelle de S. E. le Cardinal Langénieux, Archevêque de Reims, venant comme *Légat du Pape* présider le Congrès Eucharistique de Jérusalem. Jamais, disait-on, jamais depuis l'entrée triomphale de

Notre Seigneur, le jour des Rameaux, la Ville Sainte ne vit plus imposant spectacle. Toute la population était rassemblée au pied des murailles, et le long de la route de Bethléem, qui est aussi celle de la gare : grecs, juifs, musulmans, aussi bien que catholiques. Un grand nombre étaient montés sur les terrasses des maisons et sur les murs d'enceinte qui apparaissent au loin noirs de monde. Tous les personnages officiels étaient présents : plus de 50 prélats, dont plusieurs dissidents, entourant le Patriarche latin de Jérusalem ; tout le personnel des consulats de tous les pays au grand complet, avec, à sa tête, le Consul Général de France, M. Ledoulx ; le Maire de Jérusalem représentant le Sultan ; un détachement d'infanterie, et un escadron de cavalerie turque, en grande tenue de parade, etc. etc.

Le Cardinal Légat arrive monté sur un cheval blanc et couvert du chapeau et du manteau rouge de cérémonie. Il est précédé de la Croix, escorté par les Prélats, et suivi d'une foule compacte de Pèlerins. Quand il paraît, un frisson parcourt cette multitude bigarrée, qui s'incline sous la bénédiction du Pontife, et pousse de longues acclamations : *Vive Léon XIII ! Vive le Légat ! Vive la France !* Ce fut, à un moment, un enthousiasme indescriptible. Et le chant du *Magnificat* retentit, chanté par des milliers de voix, accompagnant le Légat en procession jusqu'au S. Sépulcre.

Non, je ne pense pas qu'on puisse voir nulle part ailleurs semblable triomphe. C'était là, vers cette porte de Jaffa, au pied des tours de David, une heure historique, c'était la rencontre de l'Orient et de l'Occident, s'unissant sous la suprême autorité du Pape, représenté par son Légat, pour glorifier le Dieu de l'Eucharistie, dans ce grand Congrès international, rassemblé de tous les points du globe, auprès du Cénacle même, où Jésus institua son Sacrement adorable.

Rien ne manquait à la grandeur de cette rencontre et à la Majesté de ce cortège mondial. Ce fut quelque chose de grandiose, d'infiniment beau.

Comment, je vous le demande, ne pas se remémorer ces faits, lorsqu'on foule de nouveau le sol où on les a vu se dérouler ? C'est en les repassant en mon cœur, encore tout ému, que je franchis la porte de Jaffa et rentrai à N. D. de France. Je venais de faire l'une de mes plus belles excursions. Je vous en souhaite autant. Adieu.

Dernier séjour à Jérusalem

Nous voici donc de retour à Jérusalem. C'était l'heure de la prière pour les musulmans. Là haut, sur le balcon circulaire qui entoure la pointe du *minaret* (espèce de tourelle ronde et pointue remplaçant à côté des mosquées les clochers de nos églises), le *Muezzin*, sorte de clerc ou marguillier mahométan, chantait de sa voix nasillarde et suraigüe l'appel à la prière du soir : « *La Allah il Allah ! Oua Mohammed rassoul Allah !* »... traduisez ainsi ce baragoin : Il n'y a de Dieu que Dieu, et Mahomet est le prophète de Dieu. » — Il dit bien d'autres choses, mais ce refrain revient toujours. Et alors, sans respect humain, sans s'inquiéter de rien, ni de personne, tout bon fidèle musulman se prosterne où il se trouve, et dans une attitude particulière et rituelle, tourné du côté de la Mecque, la ville Sainte, il fait ses dévotions et ses prières. Hélas ! hélas ! combien de chrétiens auraient assez de courage et de foi pour se mettre ainsi publiquement en prière dans nos rues, par exemple lorsque le gracieux tintement de l'*Angelus* nous invite à saluer Marie et le Sauveur, ou lorsque la cloche annonce l'Elévation de la Sainte Messe !

Nous du moins, pèlerins de la Pénitence, nous cherchons ici à consoler le Cœur de Jésus et sa Sainte Mère, en rivalisant de fidélité avec les mahométans, et en les surpassant, croyons-nous, par l'ardeur de notre foi. Voici justement l'*Angelus* qui sonne à Notre-Dame de France ; allons ! tous à genoux pour la prière à Marie. Puis vient le salut du St-Sacrement qui termine chacune de nos journées dans la si pieuse chapelle des pèlerins. C'est à plein cœur et de toute notre âme que nous chantons les hymnes sacrées et nos saints cantiques. Et il nous semble que la Bénédiction du divin Maître descend ici sur nous, avec une douceur spéciale et une particulière efficacité. N'est-ce pas sur cette colline que Jésus a pour la première fois béni le monde dans sa vie eucharistique.

Le repas fraternel, qui termina cette grande journée de course et de fatigue fut très gai. On eût dit que nous avions tous apporté pour nous et pour les autres une ample provision de cette joie céleste, qui tomba jadis du Ciel sur la terre, la nuit de Noël, au dessus de la pauvre Grotte de Bethléem, où venait de naître le Saint Enfant Jésus !

Et pour nous réjouir encore, nos bons petits Pères Assomptionnistes nous récitèrent de charmantes poésies, toutes parfumées d'arômes palestiniens, et nous chantèrent les plus délicieuses cantates de leur répertoire. L'une en particulier nous a vivement émus : *Dieu ne meurt pas : la France ne meurt pas.*

Puis, soudain, toutes les lampes de l'immense réfectoire s'éteignent à la fois, et, comme sur un coup de baguette magique, une grande Croix lumineuse apparaît là bas, au fond de la salle, à nos yeux ravis, et éclaire seule de sa vive lumière électrique la nombreuse assemblée, qui, d'une voix unanime, chante trois fois : *O Crux Ave.* Douces et Saintes émotions de la foi, que vous faites du bien à l'âme, et que de fatigues vous faites oublier !

Je suis monté dans ma chambre vraiment content de la journée. Je voudrais qu'il y en eût encore beaucoup de semblables à passer sur cette terre bénie. Mais il faut toujours mêler le sacrifice à nos joies. Je m'aperçois, en prenant mes notes, que nous n'avons plus que quatre jours à peine à vivre au milieu des souvenirs sanctifiants de la Jérusalem terrestre ; et cette pensée me serre le cœur. Il n'y a qu'au Ciel, dans les délices ineffables de la Jérusalem céleste, que le bonheur n'aura point de fin.

Courses et visites en zig-zag.
Saint-Sauveur. — Ancien Hôpital des Chevaliers de St. Jean.
Bazars et boutiques

Profitons d'une journée libre pour faire certaines visites privées, voir à la hâte quelques ruines intéressantes, et achever nos achats de *souvenirs* à emporter.

Je suis allé de bonne heure dire la sainte messe dans notre sanctuaire national de *Ste-Anne*, à l'autel de la Nativité de la Sainte Vierge Marie, dont je vous ai parlé précédemment. J'ai visité de nouveau en détail les intéressantes fouilles de la *Piscine Probatique*.

De là, traversant la ville en diagonale, je me rends au Couvent de *Saint-Sauveur*, principale maison des RR. Pères Franciscains et résidence du *Révérendissime Père Custode de Terre Sainte*. C'est le titre du Supérieur Général de tous les Franciscains de Palestine ; il a droit aux insignes épiscopaux. C'est aux Franciscains, appelés aussi pour cela *Pères de Terre Sainte*, qu'on doit la conservation des principaux Lieux Saints de la Palestine, qu'ils ont seuls gardés depuis les Croisades, et qu'ils ont défendus souvent au prix de leur sang contre les envahissements des schismatiques. La Custodie de St-Sauveur est internationale. D'après les Constitutions, le R^{me} Père Custode est de nationalité *italienne* : il est assisté par un Vicaire Custodial *français*, un Procureur *espagnol* et quatre Conseillers, un allemand, un espagnol, un français, un italien.

L'église du Couvent de St-Sauveur a été enrichie de toutes les indulgences, attachées autrefois au St-Cénacle, dont les Franciscains furent dépossédés en 1551. C'est dans cette chapelle que se sont tenues les grandes assises du Congrès international eucharistique de 1893, auquel j'ai eu le bonheur de prendre part.

Le couvent lui-même est intéressant à visiter. A la différence des autres couvents de ce genre, les étages supérieurs seuls font partie de la clôture monacale. Le rez-de-chaussée est accessible à tout le monde, même aux Dames, qui, je vous le dis bien bas, ne se font pas faute d'en profiter. Pensez donc, ma chère, nous avons pu visiter un couvent de capucins. C'est chose rare, allez.

Qu'y a-t-il donc dans ce rez-de-chaussée ? — Il y a énormément de choses ; car c'est immense. Il renferme d'abord un orphelinat et une école paroissiale pour les garçons ; puis une série d'ateliers d'apprentissage dont les machines sont mues par la vapeur ; le tout très largement installé avec de vastes cours de service. On trouve là des ateliers de menuiserie, de ferronnerie, de cordonnerie, etc. Vous y verrez même un gracieux moulin qui sert à moudre le blé pour la fabrication des hosties de toute la Palestine. Le blé vient des rives du Jourdain, apporté chaque semaine à dos d'ânes et de chameaux par ces caravanes de bédouins si pittoresques et si drôles, que nous avons rencontrées, vous vous en souvenez, tout le long du chemin de Jéricho à Jérusalem.

Les ateliers les plus importants sont ceux de typographie et d'imprimerie, où l'on fait de fort jolies choses. Vous en jugerez, j'y ai fait imprimer sur une image-souvenir, pour vous et mes amis, une dédicace, destinée à rappeler à la postérité la plus lointaine le passage éphémère de mon hypostase en ce lieu.

Mais j'y suis venu pour autre chose encore. D'abord pour remercier le bon Père Paul d'Orléans de ses amabilités à notre égard ; puis, oserai-je vous le dire ? pour me payer (coût 25 fr.), avec le diplôme traditionnel, une décoration, dite *Croix de Terre Sainte*, instituée par décret de S. S. Léon XIII, en l'an 1900, en faveur des Pèlerins. Cette décoration peut se porter dans les cérémonies religieuses, même en présence du Souverain Pontife. Vous verrez comme c'est beau. Enfin, me voilà décoré !

Allons plus loin. A quelques pas de la Basilique du S. Sépulcre, se trouvait jadis le très vaste Hospice, où prit naissance l'Ordre célèbre des *Hospitaliers de S. Jean de Jérusalem*, Ordre à la fois religieux et militaire, qui fut longtemps, avec celui des Templiers (Chevaliers du Temple), la terreur des Musulmans, et qui, obligé de quitter la Terre Sainte, en 1291, après la prise de S. Jean d'Acre, s'établit successivement à Chypre, puis à Rhodes, et enfin à Malte.

L'immense emplacement du monastère, de l'hospice et de ses deux églises, fut offert en cadeau, en 1869, au Prince Frédéric de Prusse, par le Sultan de Turquie, toujours prêt à faire des mamours aux Allemands, et lorsque l'empereur Guillaume vint à Jérusalem en 1898, il fit restaurer l'église principale, et tout le quartier fut affecté aux écoles et au culte protestants. Il y a là des ruines intéressantes à visiter. Mais on souffre de voir partout s'établir, autour du S. Sépulcre, d'une façon envahissante et tapageuse, tous les cultes dissidents, tandis que les catholiques ont tant de peine à y maintenir leurs positions acquises. Oh ! si la France voulait ! La France, dis-je, comme nation. Elle est si aimée encore et malgré tout, dans ces pays d'Orient !

En allant plus loin, après la visite de ces lieux célèbres, nous tombons, sans le savoir, mon compagnon et moi, en plein quartier des *Bazars*, aux multiples ruelles enchevêtrées, étroites, et naturellement sales. — En voici une, par exemple, où, assis dans leur petit *tintebin* sur le côté de la rue, des cordonniers fabriquent des babouches. Leurs échoppes sont trop petites pour contenir tout leur fourniment. Aussi les peaux dont ils se servent gisent tout uniment à terre, au beau milieu de la rue ; c'est une manière comme une autre de faire tanner leurs cuirs sous les pieds des passants. — A côté se trouve la rue *aux Herbes* ; ce nom lui vient de sa destination : « Là endroit, écrit un vieux chroniqueur, l'on vandait toutes les herbes et tous les fruicts de la ville et toutes les espices. » — Mais voici attenante la rue *Malcuisinat* (savourez ce nom) : « En celle rue, dit le même chroniqueur, on cuisait la viande des pèlerins que l'on leur vandait. » Il n'y a pas besoin d'aller loin, au milieu de ces taudis enfumés, pour voir que la dite rue mérite toujours bien son nom. Passons vite. — Voilà encore une drôle de rue, c'est la rue des ficelles, je pense ; on n'y voit que des cordes, pendantes de chaque côté de la ruelle sur des branches. Justement nous avons besoin de liens pour nos bagages : — Combien ceci ? demandons-nous à un bonhomme, en touchant un paquet de ces cordes. — ??? — Il baragouine quelques mots que nous ne comprenons pas. Heureusement survient au même moment un prêtre belge, accompagné d'un guide. Celui-ci va nous tirer d'affaire. — Combien ce paquet ? répétons-nous. — Il vous dit que c'est *trois francs*, traduit le guide, qui ne peut s'empêcher de sourire. — Eh bien ! lui dis-je, offre lui *cinquante centimes* de ma part. — Le marchand fait une mimique curieuse, détache le paquet de cordes de son support, tend la main pour recevoir les cinquante centimes, et, quand il les tient, lâche enfin ses ficelles, et je les emporte.

Vous avez de la chance, vous autres, nous dit alors le prêtre belge. Comment osez-vous parcourir seuls ce quartier ? ne savez-vous donc pas que vous êtes au beau milieu du bazar juif ? Si vous en sortez indemnes, vous pouvez vous frotter les mains. Sans guide, vous êtes à peu près sûrs d'être volés. — Cette réflexion nous rendit sages ; nous suivîmes le pèlerin belge et son guide, et nous sortîmes au plus tôt de ce coupe-gorge.

Il fallait pourtant faire quelques achats pour nos provisions de souvenirs. En revenant vers Notre-Dame de France par le quartier chrétien, nous entrons dans quelques magasins d'objets de piété ; il y en a tout le long du chemin, depuis le St-Sépulcre jusqu'à notre hôtellerie ; et des *rabatteurs*, dans la rue devant chaque officine, invitent les passants à entrer : — « Vénez vénez chéz nous, mon Père, nous catholiques, nous, amis qui ne vous trompent pas. » — Mais comme c'est le même refrain à toutes les portes, il faut ouvrir l'œil ; cela veut dire que là, comme ailleurs, on vous vole tant qu'on peut.

C'est un principe reçu dans ces pays : quand on vous fait un prix, il faut baisser tout de suite des trois quarts, et l'on est souvent pris au mot. Ils excellent surtout à maquiller leurs marchandises. S'ils vous présentent un paquet de belles images faites avec des fleurs du pays, je vous conseille de défaire le paquet ; vous pouvez être sûrs que celles du milieu seront de la pacotille. Que de faits curieux on pourrait raconter sur ces marchandages et ces escroqueries ! On fait de son mieux pour échapper. Mais on y est toujours pris une fois ou l'autre. Il faut bien que tout le monde vive.

Ah ! s'ils pouvaient venir jusque dans nos cellules, à Notre-Dame de France, comme ils voudraient, nous en verrions de belles ! Mais halte-là ! « nos bons *Cawas* sont là » à la porte, pour nous garder.

C'est d'abord le fidèle *Mousa* ou *Mouça*, qui est de toutes les excursions, à tous les pèlerinages, depuis on ne sait combien d'années, avec son costume militaire toujours le même depuis 15 ans au moins. Ne l'ai-je pas déjà vu tel quel en 1893 ?... Mais oui, c'est bien la même tunique collante, passée du bleu au vert usé, avec le ceinturon éraillé, le coupe-chou ballant au côté, et l'ineffable pantalon étriqué et rapé, ayant de la peine, par en bas, à atteindre les chevilles, et quelque peu détérioré par en haut, et rapiécé tant bien que mal, à l'endroit où l'on s'assied. Ah ! le brave Mousa ! C'est le type du policier bon garçon.

A côté de lui se tient un autre gendarme, son brigadier sans doute, bel homme, d'une tenue superbe, avec qui il ne ferait pas bon plaisanter. Tous deux tiennent en mains leur porte-respect, un fouet à manche court, destiné à fouailler sans pitié qui fait mine de ne pas leur obéir ou ne veut pas laisser la place libre. Cet affreux fouet nous indigne tout d'abord, nous autres civilisés. Puis, quand on l'a vu fonctionner, et surtout, quand on a constaté le peu d'effet qu'il produit sur la sensibilité des naturels du pays, on se rassure.

Je me souviens à ce sujet d'une scène du plus haut comique. Nous étions arrivés à *Sébastyeh*, l'ancienne Samarie de la Bible ; et nous nous disposions à déjeuner sur l'herbette, comme on fait toujours en traversant la Samarie. Pour cela on étend sur le sol des tapis (*de Turquie*, naturellement) sur lesquels les moukres viennent déposer à même les provisions de voyage. Chacun s'assied autour par terre, et se sert comme il l'entend. Or, les indigènes arrivèrent aussitôt, dans leur costume pittoresque et très primitif, hommes, femmes, enfants, les bras, la poitrine, les épaules, chargés de marchandises, principalement d'œufs frais, de citrons, et d'oranges. Et ces bonnes gens, pour nous offrir de plus près leur cargaison, n'hésitaient pas à venir tout bonnement jusque sur nos tapis, où ils posaient sans façon leurs pieds, chaussés seulement de crasse ; ce que voyant, notre drogman, genre *Mousa*, arrive avec sa cravache, et frappe à tour de bras sur les importuns. Tous se sauvent comme des Arabes fouettés ; et citrons, oranges, œufs roulent de tout côté, écrasés sous les pieds des fugitifs. Ce fut une salade mémorable, et la plus inénarrable des omelettes, dans l'herbe et la poussière. Vous pensez peut-être que ces gens-là se fachèrent et se révoltèrent contre le drogman. Ah ! bien oui ! Ils coururent à leurs huttes, et en un clin d'œil ils étaient de retour sur nos tapis, chargés comme la première fois, tout aussi audacieux qu'auparavant, et non moins joyeux de nous vendre ce qu'il leur restait. C'est curieux, on dirait que ce peuple est né pour la servitude.

Deuxième Chemin de Croix
Procession aux sanctuaires du St-Sépulcre

Ce deuxième et dernier vendredi, deuxième Chemin de Croix solennel. Dès trois heures moins un quart, sous un soleil torride, presque tous les Pélerins se trouvent déjà réunis sur la *voie douloureuse*, près de l'entrée de la caserne turque. Nos braves cawas sont à leur poste pour nous précéder et nous assurer la liberté du chemin.

A 3 heures, les Pères Franciscains arrivent, le P. Paul d'Orléans, en tête, et tout aussitôt nous entrons dans la caserne où se fait la première station. Très dignement et respectueusement, les soldats turcs se tiennent à distance et regardent faire, sans un mot, sans un sourire, sans un mouvement.

Cette fois, le *Chemin de Croix* se fait sans prédication. Le P. Paul d'Orléans se contente de lire de sa voix forte et stridente les méditations du petit livre d'exercices des P. Franciscains ; et nous chantons en chœur les invocations ordinaires. C'est toujours un spectacle profondément impressionnant, de voir une foule de deux à trois cents personnes s'en aller ainsi, de station en station, en chantant les pieux cantiques si connus, et s'agenouiller en plein chemin et au beau milieu de la rue si animée du *Bazar*, pour prier devant chaque station. Il n'y a qu'à Jérusalem qu'on puisse voir pareille chose. Aussi, est-ce le cœur vraiment ému, qu'on assiste à ce pieux exercice. Il dure une bonne heure et quart.

Quand nous l'eûmes terminé devant le Saint Sépulcre, commençait la Procession quotidienne du soir des Latins. C'est une cérémonie très touchante, à laquelle nous nous fîmes un bonheur de nous associer. On nous remit à tous à cet effet un petit cierge allumé et un petit livre, le Processional, pour pouvoir suivre les prières et le chant. Ainsi munis, nous nous mettons à la suite des Religieux du Saint Sépulcre, et tout en chantant les hymnes indiquées, nous parcourons, sous les voûtes sombres, les divers sanctuaires de la Basilique, dans l'ordre suivant :

I. La procession part de la chapelle de la Sainte Vierge, dite de l'*Apparition*, qui renferme trois autels : le maître-autel de l'Apparition de Notre-Seigneur à sa Sainte Mère ; l'autel de la *Sainte Croix*, où fut longtemps conservée une partie importante de la vraie Croix du Sauveur ; et l'autel de la *Colonne*, où se trouve encore un fragment assez considérable de la Colonne de la Flagellation. — 2. On passe ensuite dans une galerie longue de 20 mètres et formée de sept arceaux, dits *Arceaux de la Vierge*, et l'on se rend devant une petite chapelle, appelée *Prison du Christ*, rappelant le lieu où le Rédempteur aurait été arrêté quelques instants, pendant qu'on faisait sur le Calvaire les apprêts de son supplice. — 3. On visite ensuite : la chapelle de *saint Longin*, dédiée au soldat converti, qui de sa lance avait percé le côté sacré du Sauveur, mort sur la Croix. — 4. La chapelle de la *Division des vêtements*, sur le lieu, où les soldats, après le crucifiement, tirèrent au sort et se partagèrent les vêtements du Christ. — 5. La chapelle ou église de *Sainte Hélène*, vaste sanctuaire de 20 mètres sur 13, en contrebas de 29 marches des précédents, et où se trouvent deux autels : l'un dédié à la pieuse mère de Constantin, qui fit rechercher en ces lieux la vraie Croix du Sauveur ; un autre dédié à *Saint Dismas*, le bon larron, converti sur le Calvaire par le divin Crucifié. — 6. Et, 13 marches plus bas encore, la chapelle de l'*Invention de la Sainte Croix*, l'antique citerne, dans laquelle fut retrouvée la Croix du Salut, avec d'autres instruments de la Passion. — 7. Puis, en remontant au déambulatoire sous les arceaux de la Vierge, la chapelle appelée *des Impropères*, c'est-à-dire des outrages auxquels fut en butte Notre-Seigneur, lorsque, couronné d'épines, couvert d'un lambeau d'écarlate, et un roseau à la main, il fut tourné en dérision par la cohorte, au prétoire de Pilate. Le tronçon de colonne sur lequel le Sauveur était assis, pendant cette scène odieuse, fut transporté plus tard au lieu où nous sommes.

8. De là, la procession monte sur le Calvaire et y fait encore plusieurs stations ; d'abord, tout à fait à l'entrée, à l'endroit, où Notre-Seigneur fut dépouillé de ses vêtements, avant d'être attaché à la Croix. — 9. Un peu plus loin au lieu où se fit la *Crucifixion* ; une fenêtre grillée, pratiquée dans le mur, tout à côté, donne vue sur un petit sanctuaire, appelé *Chapelle des Francs*, et dédié à Notre-Dame des douleurs, à St Jean, et à Ste Madeleine, qui peut-être se tenaient là, dans la souffrance et l'épouvante, tandis que les bourreaux clouaient Jésus-Christ sur la Croix, étendue à terre. — 10. Puis à l'autel du *Stabat*, sur le lieu, d'où la divine Marie assista à la mort de son adorable Fils, et entendit ses lèvres mourantes lui dire : *femme, voilà votre Fils*, et à St Jean : *voilà votre Mère*. — 11. Enfin à deux pas de là, au lieu le plus auguste de l'univers, où fut planté l'arbre de la Croix, et où expira Jésus, notre Rédempteur.

12. La procession redescend alors du Calvaire pour aller à la *Pierre de l'Onction*, où fut déposé le Corps Sacré du Sauveur, détaché de la Croix, par Joseph d'Arimathie et Nicodème, pour être enveloppé de linceuls et parfumés d'aromates. — 13. Et de là au *Saint Sépulcre*. — 14. Puis passant par la chapelle de *Ste Marie-Madeleine*, au lieu traditionnel où Notre-Seigneur lui apparut après la Résurrection, nous revenons au point de départ, à la chapelle franciscaine, de l'*Apparition* à la Sainte Vierge.

Là se termine la procession. Elle a duré près d'une heure.

Devant l'autel de chacun des sanctuaires, on chante une hymne spéciale, adaptée au souvenir du lieu, avec une oraison : *HIC passus est, HIC crucifixus est...* On ne peut, sans une profonde émotion, entendre ce chant liturgique rappelant successivement tous les détails de la Passion, et les localisant d'une manière précise : c'est ici qu'il fut crucifié ; ici qu'il fut enseveli, etc... Ici, oui ici même, s'est passée cette scène douloureuse que tant de fois j'ai méditée, mais qui m'apparaissait dans un lointain obscur. Maintenant, je suis sur le théâtre même où elle s'est déroulée, je vois, je touche le lieu sacré, qui a vu, touché le corps de mon Sauveur, et tous les détails revivent à mes yeux, comme si j'assistais au drame sanglant.

Ne fût-on venu que pour cela : Voir ces Lieux Saints, parcourir, en priant, les stations du Chemin de la Croix, et faire, en chantant ces belles hymnes sacrées, la procession du Saint Sépulcre, on n'aurait pas perdu son temps. Il y en a pour le reste de la vie à vivre sous l'impression de ces souvenirs saisissants. Dieu soit béni !

Le cortège processionnel étant rentré à la chapelle latine, on y fait l'exercice du mois de Marie. Un des Pères Franciscains, avec la plus formidable voix que j'aie jamais entendue, chante les invocations des Litanies de la Sainte Vierge, auxquelles tous répondent en chœur. Puis on donne la bénédiction du Très Saint Sacrement, qui est suivie de la vénération d'une Relique de la Passion. Nous avions terminé cette longue mais bien pieuse suite de cérémonies. Le tout avait duré de trois heures à cinq heures et demie. Il en est résulté que je ne suis pas retourné ce jour-là au *Mur des pleurs* des Juifs. Je ne l'ai pas regretté.

Nuit passée au Saint Sépulcre. — Les Messes et Offices de nuit au Calvaire.

Un prêtre ne peut pas séjourner à Jérusalem, sans passer une nuit au Saint Sépulcre. Voici ce que cela veut dire.

La Basilique du Saint Sépulcre, je vous l'ai expliqué, est un immense amas de constructions irrégulières, dans lequel sont enclos le Saint Sépulcre, le Calvaire, et tous les Lieux Saints adjacents, qui ont été témoins de la Passion du Christ. Elle renferme de plus des chapelles particulières, appartenant aux Latins (catholiques), ou aux diverses sectes schismatiques, des Grecs, des Arméniens, des Syriens et des

Coptes. De plus, chacune de ces confessions possède, dans l'intérieur même, des habitations nombreuses, où résident jour et nuit les prêtres ou Religieux desservant ces chapelles diverses, et où peuvent loger les pèlerins qui en obtiennent la permission.

Tout cet ensemble de bâtiments n'a qu'une seule entrée, le portail même de la Basilique, et la garde en est confiée par les traités à des musulmans, qui en ont la clef, et sont chargés de la tenir fermée et de l'ouvrir à certaines heures et selon des redevances déterminées. A sept heures du soir, au plus tard, c'est fermé, et on n'ouvre plus pour personne que le matin vers 5 ou 6 heures. Durant cet intervalle, on ne peut plus ni entrer, ni sortir. Un simple guichet, pratiqué dans un des panneaux du portail, permet aux personnes restées à l'intérieur de communiquer, au besoin, avec le dehors. C'est par ce petit trou que pénètrent même les provisions de bouche, nécessaires aux prisonniers volontaires du Saint Sépulcre.

C'est bien volontiers en effet, qu'après avoir obtenu la permission du R^{me} Père Custode, je me suis constitué, à mon tour, avec un de mes amis, prisonnier pour une nuit en cette vénérable enceinte.

Nous entrons vers 7 heures du soir. Après une pieuse visite sur le Calvaire, et une méditation plus prolongée devant le Saint Sépulcre, nous nous dirigeons, à la lueur des lampes qui brûlent près du saint tombeau, vers la chapelle et la sacristie des P. Franciscains. En ce moment, le silence règne sous les voûtes sacrées du sanctuaire. Quelques personnes, admises comme nous à y passer la nuit, circulent mystérieusement, rappelant les saintes femmes de l'Evangile et les pieux amis de Jésus, qui gardaient le corps du Sauveur pendant la soirée funèbre du Vendredi Saint.

Les bons Pères Franciscains nous reçoivent avec amabilité et nous conduisent à leur modeste réfectoire, à peine éclairé par une lucarne très haut placée. Nous y prenons un sobre souper. Puis nous montons à l'étage supérieur, où se trouve un dortoir, appelé je ne sais pourquoi *Chambre de Ste Hélène*, et renfermant huit étroites couchettes, fort primitives, ayant des airs de ressemblance avec les lits-cercueils du vaisseau. Une seule petite fenêtre éclaire tant bien que mal la pièce et ses locataires.

Il faut savoir que ces appartements des Pères Franciscains sont très resserrés, entre leur chapelle d'une part, et de l'autre la masse rocheuse dont fait partie le Calvaire, et de laquelle a été détachée le Saint Sépulcre. La chambre où nous sommes est creusée en partie dans le roc, et, du côté opposé, elle a une petite ouverture, qui donne directement dans la chapelle de l'Apparition, en face de l'autel où réside le Saint Sacrement.

In pace in idipsum dormiam et requiescam. (Ps.) Dites-moi si l'on peut être mieux placé pour dormir en paix ? — Presque au-dessus et à quelques pas du tombeau sacré, où le corps du divin Rédempteur a reposé depuis le vendredi soir jusqu'au matin de la Résurrection ; — tout près aussi et à la hauteur même du Golgotha, dont nous ne sommes séparés que par la chapelle des Grecs ; — en face du Tabernacle où réside Jésus-Eucharistie, au lieu même de son apparition à sa sainte Mère ; de mon lit j'aperçois la petite lampe qui brûle devant l'autel. Et, pour le moment du moins, partout le silence. Et nous sommes, nous, pauvres êtres d'un jour, en cet instant, au lieu le plus saint de la terre, dont le nom retentira jusqu'à la fin des siècles à tous les échos du monde, au centre de l'univers et des temps, vers lequel convergent tout le passé, tout le présent, tout l'avenir ; à l'endroit même où fut ouvert, pour embrasser l'humanité tout entière dans son amour infini, le Cœur Sacré de Celui qui a dit : *Venez tous à moi ;* et encore : « *Quand j'aurai été élevé de terre, j'attirerai tout à moi.* » Quelles pensées ! et quels souvenirs !

Le moyen de dormir, quand on songe à toutes ces choses ! Il ne s'agit pas de dormir, mais de prier, mais de remercier, mais de demander pardon, mais d'aimer Jésus.

Au reste, l'eussions-nous voulu, nous n'aurions pas dormi longtemps. Je ne devais dire la sainte Messe qu'à 3 heures au Calvaire. Mais, dès minuit, les Franciscains commençaient à psalmodier l'office, dans leur chapelle, presque au-dessous de nous, et leur psalmodie, scandée avec vigueur par la voix de trombone de l'un d'entre eux et les accompagnements de l'orgue, montait harmonieuse jusqu'à nos âmes, plus encore qu'à nos oreilles. C'était le moment de se lever pour aller prier au Calvaire.

Là, ce fut une tout autre affaire. Les Grecs aussi avaient commencé leurs cantilènes aiguës, si choquantes pour notre goût européen. Puis les Abyssins, à leur tour, se mirent à officier de leur côté derrière l'édicule du Saint Sépulcre. Ce fut bientôt un mélange de chants, d'orgue, de sonneries et carillons de toutes sortes, singulièrement gênants pour la piété.

Je pus cependant célébrer paisiblement la sainte Messe à 3 heures, à l'autel de la *Crucifixion*, et je fus heureux des doux moments de recueillement que je passai ensuite sur le Calvaire à remplir l'office de Garde d'honneur du Sacré Cœur de Jésus, en assistant aux Messes qui furent dites sans interruption sur les deux autels réservés aux Latins. Seules les délicieuses émotions du prêtre à sa première Messe peuvent être comparées à celles dont l'âme est inondée en ces heures bénies du pèlerinage. Tout le drame sanglant de la Passion revit à nos yeux, et la sainte victime nous apparaît étendant vers nous ses bras et son regard mourant. Je n'esssaie même pas de vous dire les réflexions qui jaillissent dans nos âmes et soulèvent nos cœurs, pour les attacher à Jésus : ce sont là choses personnelles et intimes qui se déflorent à vouloir s'exprimer. Sachez seulement que vous avez eu bonne et large part dans mes prières et pieuses recommandations au Sacré Cœur de Jésus, et tous mes amis avec vous.

Mais les meilleures heures ici-bas passent comme les autres, hélas ! et il nous faut descendre enfin de la « montagne du Calvaire, » pour retourner à la vallée des misères humaines. Le jour déjà répand à flots sa lumière à travers les baies à vitraux de la chapelle sainte. Après avoir baisé une dernière fois avec amour ce sol sacré qui a bu le sang du Rédempteur, nous quittons à regret ces lieux, et nous allons en passant faire une courte visite au Saint Sépulcre,

Ce n'est pas le moment d'y entrer ; les Grecs officient. Au moment où je mets le pied sur le parvis qui sépare leur chapelle du saint tombeau, je vois fondre sur moi le bedeau schismatique, il me jette un regard terrible à me foudroyer, et d'un geste me fait comprendre que je n'ai qu'à me retirer. C'est ce que je m'empresse de faire, sans discuter.

Au même instant, j'aperçois les moines *Abyssins*, qui sortent de leur étroite chapelle, et viennent, comme en dansant, faire leur petite procession, sur un espace de 10 à 15 mètres carrés au plus. C'est tout ce qu'ils ont pu obtenir du protocole pour faire leurs évolutions rituelles auprès du Saint Sépulcre. Ils se dédommagent, en faisant un vacarme inimaginable : ils chantent, ils crient, ils agitent des sortes de carillons et de castagnettes, qui font un bruit infernal. Ils balancent perpétuellement leurs encensoirs à grelots, dont le bruit s'ajoute à la cacophonie générale. C'est vraiment plus curieux que pieux. Et pour exécuter toute cette sarabande, ils sont bien dix au plus, y compris les petits clergeons ; mais tous d'un noir d'ébène luisant à faire plaisir.

Nous quittons ce spectacle, pénible pour nos cœurs de catholiques. En passant, nous jetons un coup d'œil sur ce qu'on appelle la *Chapelle d'Adam*. C'est une sorte de crypte, ou grotte, creusée en partie dans le roc, et placée très exactement à 4 ou 5 mètres au-dessous de la partie du Calvaire où fut plantée la Croix du Sauveur, si bien que de l'intérieur on voit parfaitement la *fissure* merveilleuse qui fend le rocher du haut en bas d'une façon absolument anormale. Cette crypte doit son nom à une légende symbolique, prétendant que le crâne d'Adam aurait été enseveli en ce lieu ; d'où serait venu l'usage de figurer sur les crucifix deux os en sautoir avec une tête de mort, fixés au-dessous du christ.

Une autre légende place en ce même lieu le sacrifice de Melchisédech, prêtre du Très-Haut et figure du Christ ; c'est pourquoi on a dédié à ce *Roi de Salem* un autel dans la crypte.

Ce qui est sûr, c'est que les premiers rois chrétiens de Jérusalem voulurent être ensevelis dans cette grotte : les tombes de Godefroy de Bouillon et de Baudouin Ier y restent marquées dans le couloir d'entrée. Ce serait tout de même une bonne idée, d'avoir là aussi notre dernière demeure terrestre. Mais on ne peut pas tout ce que l'on désire. Aussi je m'abstiens de former ce vœu, soit pour vous soit pour moi.   F. B.

Notre-Dame de Sion. — L'arc de l'Ecce homo.
Divers souvenirs.

Je me demande pourquoi je ne vous ai pas encore conduits au pieux sanctuaire de Notre-Dame de Sion ; c'est cependant un des pèlerinages qui m'ont le plus doucement impressionné. Hâtons-nous d'y faire une visite avant de partir.

On l'appelle le Couvent de l'*Ecce homo*, ou des *Dames de Sion*, voici pourquoi :

Il est situé vers l'endroit ou s'élevait jadis le palais de de Pilate. Là, au-dessus de la rue est placé, telle une passerelle, un arc en maçonnerie, auquel on a donné le nom d'*Arc de l'Ecce homo*. Autrefois cet arc était triple : un arc central très haut (c'est celui qui surplombe aujourd'hui encore la *Voie douloureuse*); et deux autres arcs latéraux, plus petits et plus bas ; à la manière de certains ponts de chemin de fer, composés de 3 arches, une plus grande pour la voie, deux plus petites de chaque côté pour le passage des piétons. De ces deux arcs latéraux, l'un a disparu, l'autre est encastré dans le chœur de la chapelle des Dames de Sion, et passe pour être celui sur lequel Pilate aurait montré aux Juifs Notre-Seigneur couronné d'épines, en disant : *Ecce homo*, voilà l'homme.

Le R. P. Marie de Ratisbonne, Juif converti à Rome à la suite d'une vision miraculeuse, acquit la propriété de cette précieuse Relique de la Passion, avec le terrain avoisinant, y construisit le couvent et y fonda la congrégation des *Dames de Sion*, dont le but est de travailler à la conversion des femmes juives, soit en élevant gratuitement les jeunes filles, soit en offrant chaque jour des prières et des réparations, au lieu même où a retenti la sinistre imprécation : *Que son sang soit sur nous et sur nos enfants !* Cette œuvre si touchante est la réponse des femmes de Sion à la parole du divin Maître, leur disant : « *Pleurez, non sur moi, mais sur vous et sur vos enfants.* »

Le sanctuaire est vraiment beau et grandiose, avec ses voûtes élevées en plein cintre. Mais le chœur surtout est intéressant. Le maître-autel est formé entièrement de dalles précieuses, témoins contemporains de la Passion du divin Rédempteur, trouvées dans les fouilles, et que l'on croit avoir appartenu au pavage de marbre rouge appelé *Lithostrotos*, dont il est parlé dans l'Evangile. Derrière l'autel, et formant le fond de l'abside, se trouve, à la place même où il a été découvert, l'arc romain, sur lequel Notre-Seigneur fut montré au peuple par Pilate. Au-dessus court une tribune ou galerie, sur laquelle est dressée, au centre d'un hémicycle décoré de marbres précieux, une statue de l'*Ecce homo*, couronné d'épines, son manteau de dérision sur les épaules, et son sceptre de roseau à la main, avec, à ses pieds, un diadème royal et l'inscription : *Ecce rex vester.* Le tout vivement éclairé par une belle rosace, projetant de lumineux rayons sur la couronne d'épines, qui apparaît comme baignée de sang. C'est d'un effet saisissant.

Pendant la Messe, les jeunes filles orphelines, élevées par les Dames de Sion, chantèrent, avec un art parfait et de superbes voix, leurs chants spéciaux si touchants, en particulier le motet : *Pater, dimitte illis, nesciunt quid faciunt* (Père, pardonnez-leur, ils ne savent ce qu'ils font), qui remue profondément le cœur et tire les larmes des yeux. Elles chantèrent aussi trois fois la strophe à la Sainte Vierge : *Monstra te esse matrem......* que j'aurais cru chantée par de petites pensionnaires de Bourg, si ce n'eût été la prononciation : *toulit esse touous* (Tulit esse tuus).

Après la Messe, on nous fit visiter en détail les sous-sols voûtés où se voit, sur une grande étendue, le dallage d'une rue et d'une place de l'époque romaine, probablement le pavé même sur lequel marcha Jésus, sortant du prétoire avec sa croix. Il se trouve à 4 mètres environ plus bas que le niveau du sol actuel. On ose à peine fouler ce pavé, et instinctivement on regarde, avant d'y poser les pieds, si l'on y aperçoit point encore quelques marques des taches du sang du divin Supplicié. Aux deux angles de la place, se détachent en saillie deux pierres, formant une sorte de marchepied, sur lequel on faisait monter les accusés, pendant qu'on les jugeait. Notre-Seigneur est peut-être monté sur l'un ou l'autre de ces ambons, pour paraître devant son juge. Quels souvenirs !

On nous fait descendre plus bas encore, dans de profonds souterrains, au-dessous de la *voie* ancienne que nous venons de parcourir. Ces souterrains sont extrêmement curieux. Ils semblent correspondre à une ancienne piscine, appelée *Strouthio*, sur laquelle Titus éleva une plateforme pour battre avec ses béliers la fameuse *tour Antonia*, qui gardait le Temple.

De là on nous fait remonter, d'abord au rez-de-chaussée du couvent, pour nous offrir très gracieusement un petit déjeûner ; puis par divers escaliers et d'interminables couloirs, jusque sur la terrasse de la maison, d'où l'on a le plus complet et le plus magnifique panorama de toute la ville. Il faut monter là pour se rendre bien compte de la topographie de Jérusalem ; on en juge mieux que du haut de la colline des Oliviers.

En passant, nous visitons, aux divers étages, toutes les œuvres des *Dames de Sion* : pensionnat, orphelinat, et catéchuménat juif. Les classes y sont très bien tenues, les dortoirs vastes, éclairés, bien aérés, avec une quadruple rangée de petits lits bien coquets, le tout d'une propreté irréprochable, ce qui est ici fort rare ; on voit qu'on est chez des religieuses françaises. Les petites filles de l'ouvroir nous chantent en françois la bienvenue, et nous accueillent avec joie et avec une simplicité charmante. Sur notre demande elles chantent aussi en arabe. Puis elles nous montrent gentiment leurs petits travaux. Un grand nombre sont occupées à la préparation des objets de piété et des souvenirs dont la vente sert à l'entretien de l'orphelinat : les unes choisissent les fleurs naturelles qu'elles ont cueillies au dehors ; les autres les font sécher avec soin ; celles-ci préparent les petits cartons et les images ; celles-là y collent les fleurs avec beaucoup d'art et d'adresse. D'autres font des chapelets ; l'une nettoie les grains d'olive, sa compagne les rogne aux extrémités, une troisième les perce, et la quatrième les enfile en chapelets, etc.

Elles parlent fort bien le français : — « Mes enfants, leur ai-je dit, je sais des petites filles très loin d'ici, qui prient pour vous. Voulez-vous aussi prier pour elles ? — Oui, mon père, répondent-elles toutes avec entrain. — Bon, je le leur dirai. — Merci, mon père. » — Et cela dit sans façon, spontanément ; je me serais cru à Bourg. Au fait, si j'en suis bien loin de corps, je m'y retrouve à tout moment par l'esprit et le cœur.

Après cette visite intéressante, nous repartons à Notre-Dame de France. Mais nous ne pouvons oublier que nous sommes sur la *Voie douloureuse*, et presque en face de la 1ʳᵉ station. Au lieu de partir tout droit à notre hôtellerie par la Porte de Damas, nous parcourons par petits groupes, une fois de plus, en priant, toutes les stations du Chemin de la Croix. Il fait si bon suivre, en méditant, les pas sanglants du Sauveur ! Et puis c'est l'image de la vie ; n'est-ce pas par les sentiers de la douleur qu'il faut passer pour parvenir à l'hôtellerie éternelle des Cieux, où nous attend Notre-Dame avec le doux Roi Jésus ? — Je vous y donne rendez-vous. Adieu.

F. B.

Le Mont Sion. — L'église de la Dormition.
Le Saint Cénacle.

Aujourd'hui nous dirigeons notre visite sur le *Mont Sion*. Ce nom désigne toute la colline sud-ouest de Jérusalem, où était jadis la «Ville de David.» Elle est présentement comprise : pour une partie, dans l'enceinte des murailles actuelles, et, pour une autre partie, en dehors ; celle-ci d'ailleurs n'offrant guère que des ruines. Mais un grand nombre de souvenirs bibliques et évangéliques se rattachent à l'une et à l'autre. Nous allons les visiter rapidement. Car le temps presse. Bientôt il faudra quitter la ville Sainte.

Allons tout de suite en dehors des murs par la porte de *Sion* . Quel changement ! Je ne me reconnais plus. En 1893, on ne voyait là, à 130 mètres environ de la Porte de Sion, qu'une masse de bâtiments, formant un tout unique, appelé par les musulmans, qui en sont les fanatiques propriétaires : *Nébi-Daoûd* (Le prophète David). La coupole d'une mosquée domine la partie nord-est de ces bâtiments. C'est là que se trouve le lieu traditionnel, infiniment auguste, du *saint Cénacle*. Et, à côté, les Juifs et les musulmans croient vénérer le tombeau de David, d'où le nom donné au quartier.

Voilà tout ce qu'on voyait là autrefois. Tout autour était d'une part un terrain vague, et de l'autre le cimetière arménien. Et au milieu de ce terrain vague, on nous montrait une pierre gravée d'une croix qu'on disait marquer l'emplacement de la *maison de Saint Jean*, où la Sainte Vierge s'était endormie du sommeil de la mort, en rendant son âme à Dieu : ce que l'on désignait par le mot : *Dormition de la Vierge*.

Or, aujourd'hui, sur ce terrain de la *Dormition*, s'élève tout un ensemble de constructions neuves d'un grand effet, comprenant une église et un couvent. Voici ce qui est arrivé. En 1898, l'empereur d'Allemagne, Guillaume II, étant à Jérusalem, acheta ou obtint gratuitement la propriété de ce terrain précieux de Sa Majesté le Sultan, qui ne savait rien lui refuser ; et il eut la sagesse d'en faire don aux *catholiques* d'Allemagne. Ceux-ci se sont empressés d'y construire une magnifique église avec un couvent de religieux pour la desservir. Depuis 1906, les Pères Bénédictins allemands de Beuron y sont installés. Et voilà comment j'ai eu le bonheur de dire la Sainte Messe dans la crypte de l'église élevée sur le lieu même où habitait la Sainte Vierge avec Saint Jean, et où probablement elle est morte.

Il y a plus que cela (admirez les desseins de Dieu). On n'élève aucun doute sur l'emplacement du saint Cénacle. Dès les premiers siècles, une Basilique y fut construite, conservant la chambre basse du *lavement des pieds* et la salle haute du *Cénacle*. Détruite puis relevée plusieurs fois, elle ne changea jamais de place et on eut soin toujours de conserver aux constructions successives la forme primitive. Les P. Franciscains qui l'occupèrent assez longtemps en furent définitivement chassés en 1551; et, depuis ce temps, jamais les Catholiques n'avaient pu racheter ce Lieu vénérable entre tous, que les Musulmans s'obstinent à garder jalousement à cause du prétendu *tombeau de David*.

Or, voilà que les fouilles faites pour l'église de la *Dormition* ont mis à découvert les fondations de la Basilique ancienne du Saint Cénacle, en sorte que la nouvelle construction couvre une partie de l'antique édifice, et la crypte occupe en réalité le Lieu trois fois saint, où se sont opérées tant de merveilles pour notre salut. C'est donc une acquisition de très grand prix pour les catholiques.

Les Pères Bénédictins sont très accueillants, et tout heureux de faire partager aux Français leur joie de posséder un sanctuaire si cher à notre piété.

Quel bonheur en effet, pour nous, catholiques, de pouvoir enfin célébrer la sainte Messe au lieu même où fut institué le Sacrement adorable de l'Eucharistie, où le Saint-Esprit est descendu visiblement sur les Apôtres le jour de la Pentecôte, où Jésus-Christ a jeté les fondements de son indéfectible Église.

*   *
*

Après avoir prié longuement et en paix dans cette crypte sacrée, nous allons visiter le monument proprement dit du *Cénacle*, transformé en mosquée. C'est facile, moyennant bakchich, d'y entrer, mais ils ne sont pas commodes, les fanatiques qui en ont la garde. Ils nous regardent avec des yeux ! ! et ils ont l'air de nous dire : faites attention ; ici vous n'êtes pas chez vous ; visitez, mais pas de cérémonies, s. v. p., pas de chants, pas de manifestation.

Au rez-de-chaussée se trouve la salle *basse*, où, suivant une antique tradition, eut lieu le *Lavement des pieds*. L'accès en est absolument interdit aux chrétiens. Il faut passer plus loin, traverser un couloir assez large, puis, à l'entrée d'une cour qui fait suite, on monte à gauche un escalier d'une vingtaine de marches, conduisant à une petite terrasse, sur laquelle s'ouvre la salle *haute* du Cénacle. Elle a 14 mètres de longueur sur 9 de largeur. Deux colonnes soutiennent la voûte et la partagent en deux nefs. Telle était la forme de la chambre sacrée où fut instituée la divine Cène. Un petit escalier de 8 marches, établi dans un des angles, conduit à une autre chambre où l'on voit un cénatophe représentant le *Tombeau de David*.

Il est impossible de ne pas se sentir vivement saisi au souvenir des événements que rappelle ce lieu mémorable. On voudrait faire éclater la piété qu'ils inspirent, en chantant les hymnes liturgiques du Saint Sacrement et de la Pentecôte. Il faut bien s'en garder. On serait assommé. Les gardiens sont là qui surveillent d'un regard farouche. Autrefois on n'osait même pas prier à haute voix ensemble. Pour la première fois peut-être, nous l'avons fait. Et on n'a rien dit. C'est un grand point. Dans ces pays, une prise de possession de ce genre vaut titre. Dieu veuille qu'on puisse faire davantage encore plus tard ! Quand donc verra-t-on le turc chassé, et ces lieux bénis qu'ils nous ont volés, purifiés et rendus au culte de l'Eucharistie !

Nous nous retirons l'âme émue et le cœur navré, pour visiter les pentes du *Mont Sion*, sur lesquelles s'étageait la « ville de David. » On n'y voit plus que des ruines, presque partout recouvertes de décombres et d'une maigre végétation. Mais le point de vue est admirable.

On a devant soi la vallée profonde du *Cédron*, qui se soude dans le fond avec la vallée sinistre de *Hinnom* ou de la *Géhenne*, où coulent les égoûts de la ville ; — à gauche les hautes murailles de la Jérusalem actuelle, avec, à leur extrémité du côté de l'est, la Mosquée d'Omar, sur l'emplacement de l'ancien Temple de Salomon ; — à droite, le mont du *Mauvais conseil*, où se tint l'assemblée sacrilège qui, sur la proposition du grand prêtre Caïphe, prononça la mort du Christ ; puis le *Champ d'Haceldama*, acheté avec les trente deniers du traître ; — un peu plus loin, sur le versant opposé, le village de *Siloé*, où brillent au soleil les maisons blanches des Lépreux, etc., etc. Les souvenirs bibliques abondent, et ce serait infini de les rappeler tous.

Nous descendons ces pentes abruptes, nous traversons les fouilles merveilleuses et très curieuses, faites par les

Pères Assomptionnistes, qui peu à peu permettront de reconstituer l'aspect général de l'antique Cité de Sion. A force de patience, ils ont pu acquérir à cette fin un immense tènement de plus de quatre hectares de ruines, où ils ont déjà mis à découvert le pavé des anciennes rues, et dans un endroit, un angle des murailles primitives de la ville.

Nous passons à côté d'une grotte appelée *Grotte des Apôtres*, où les malheureux disciples de Jésus allèrent se cacher, la nuit du Jeudi-Saint, après la prise du Sauveur au Jardin des Oliviers. Et nous arrivons, presque au fond de la vallée, à une autre grotte célèbre, désignée sous le nom de *Grotte de S. Pierre in Gallicantu* (Galli cantus, chant du coq), où S. Pierre alla se cacher pour pleurer son péché, après avoir renié son Maître. Les Pères l'ont convertie en chapelle et ont creusé un caveau funèbre pour la sépulture des pèlerins français. Plusieurs reposent déjà dans cette terre bénie. Nous y prions pour eux, et une messe de *Requiem* est chantée pour le repos de leurs âmes.

Puis nous remontons vers la ville. On nous montre en passant, là haut dans les murailles, une porte surbaissée, qui paraît avoir servi jadis pour ce que nous appelons chez nous la douane ou l'octroi. Très basse et très étroite elle portait le nom de *Trou de l'aiguille*. Cela expliquerait les paroles du Sauveur (S. Math. XIX, 24) : « *il est plus difficile à un riche d'entrer dans le royaume des Cieux qu'à un chameau de passer par le Trou de l'aiguille ;* » c'est-à-dire par la porte en question. Car il paraît que les chameaux ne pouvaient la franchir qu'après avoir été débarrassés de leur charge. Ainsi le riche doit-il se dépouiller de tout attachement aux biens de la terre qu'il possède, s'il veut entrer au Ciel. *Se non è vero...* !

Eglise St Jacques. — Citadelle. — Tour de David.

En attendant, nous rentrons à Jérusalem par une autre porte, la porte de *Sion* ou de *David*, où il est très facile de passer, attendu qu'elle n'est pas gardée militairement comme les autres portes. Nous voici de nouveau dans l'enceinte de la ville, et en plein quartier *Arménien*. Les rues y sont plus larges et moins malpropres qu'ailleurs.

Nous passons d'abord près d'un couvent de Sœurs Arméniennes, situé sur l'emplacement traditionnel du palais du grand prêtre Anne, devant qui comparut en premier lieu le divin Sauveur, après avoir été arrêté au jardin de Gethsémani. Nous visitons l'église et l'atrium qui la précède, faisant revivre dans nos souvenirs les scènes odieuses de la Passion qui se sont accomplies là. Un tableau impressionnant représente la scène du valet souffletant le divin Maître.

On longe ensuite l'immense corps de bâtiments, vastes comme ceux du Saint Sépulcre, occupés par les *Arméniens* schismatiques. C'est tout un village qui est enserré dans ces murailles et forme une vraie communauté. Il y là : le Palais du Patriarche, le Séminaire, un monastère d'hommes, un autre de femmes, un hospice pour les pèlerins, et des maisons particulières, le tout formant des groupements divers séparés par de grandes cours et entourant l'église placée au centre. Cette église est dédiée à *S. Jacques le Majeur*, qui aurait été martyrisé en ce lieu, l'an 44 de notre ère, par Hérode Agrippa.

Nous allons la visiter. Ce qui nous frappe tout d'abord, c'est le mode employé pour appeler les fidèles à la prière. Près de la porte, sous un auvent, qui donne dans une cour, est suspendue par ses deux bouts une sorte de grande planche, bien polie. De quel bois est-elle ?... je l'ignore. Toujours est-il que, lorsqu'on veut annoncer l'Office, on frappe à tour de bras avec un maillet contre la dite planche, qui résonne étrangement et fait entendre au loin ses sons.

L'intérieur de l'église est d'une richesse de décor extraordinaire ; l'or et l'argent y sont à profusion, comme dans toutes les églises de cette communion. Elle est à trois nefs avec une coupole centrale. On y remarque plusieurs portes ou balustrades en bois, incrustées de nacre et artistement ciselées. Entre autres particularités curieuses, on y montre empilées l'une sur l'autre trois énormes pierres brutes, dont la supérieure provient du Mont *Sinaï*, la 2ᵉ du *Thabor*, et la 3ᵉ du lit du *Jourdain*.

Maintenant si vous voulez savoir comment se font les confessions dans ce rite schismatique, le voici. Regardez là-bas dans cette petite chapelle. Un prêtre arménien est assis sur une sorte de coussin, posé à terre; un pécheur est assis en face de lui sur une natte, les pieds à la manière des tailleurs; et se prosternant vers le prêtre, il lui fait l'accusation de ses fautes. Puis le prêtre, après quelques mots d'exhortation, étend la main sur la tête du pénitent, en prononçant la formule sacramentelle. C'est tout ; si vous trouvez après cela que ce n'est pas précisément très commode, je ne vous contredirai pas.

Par contre, quand vous sortirez avec nous de l'église, n'hésitez pas à tendre la main au moine, qui vous présentera une petite fiole, et laissez-le faire. Il vous versera gracieusement sur la main un peu d'eau de rose. Et pour peu que vous réfléchissiez, vous n'aurez pas de peine à convenir que, dans le pays où nous sommes, cet usage de parfumer les fidèles, à leur sortie du sanctuaire, a du bon. C'est d'ailleurs, vous le comprenez, une pratique symbolique.

Allons plus loin. Nous passons près du lieu traditionnel, où Notre Seigneur apparut aux saintes femmes, aux *trois Marie*, au moment où, averties par l'Ange de la Résurrection du divin Crucifié, elles couraient porter la bonne nouvelle aux disciples enfermés dans le Cénacle (S. Mathieu, XXVIII. 8-10).

Nous longeons ensuite la caserne turque, avec la citadelle, qui domine toute la ville, et qui est flanquée d'une tour désignée sous le nom de *Tour de David*, bien qu'elle ne remonte pas jusqu'à ce prince. C'est de là-haut que le canon turc, pendant le mois du *Ramadan*, annonce chaque soir aux mahométans qu'ils peuvent se dédommager à bouche que veux-tu de leur long jeûne de la journée. Cette citadelle occupe, paraît-il, l'emplacement de la seconde résidence royale du sinistre Hérode, laquelle fut témoin de tant de drames sanglants. Ce serait là que ce triste sire reçut la visite des trois Mages, et donna ensuite l'ordre de massacrer les Saints Innocents.

Nous sommes maintenant tout près de la Porte de *Jaffa*.

Hâtons-nous de rentrer à Notre-Dame de France pour achever nos préparatifs de départ. Demain hélas ! il nous faudra partir.

Il faut partir,
Tel est le cri d'alarme,
Reçois, chère Sion, une dernière larme
Il faut partir,
Tel est le cri d'alarme,
Sion, de tes grandeurs je garde souvenir.

Les adieux. — Dernière journée. — Rapide et suprême visite aux Sanctuaires.

Hier soir, veille de départ, nous avions l'honneur d'avoir à table, à notre dernier dîner, le cher Commandant de notre vaisseau l'*Etoile*, qui a bien voulu venir de Jaffa nous saluer à Jérusalem. Nous sommes tout joyeux de le revoir et de lui serrer la main ; il est si bon et si aimable ! Mais une heureuse nouvelle, qu'on nous avait réservée pour la bonne bouche, nous fournit l'occasion de lui témoigner tous nos sentiments. Sur la fin du dîner, le Père Bailly, en terminant un toast très spirituel, comme il sait en faire, nous a annoncé que sa Béatitude le Patriarche de Jérusalem venait de nommer notre cher Commandant *Chevalier du St Sépulcre*. Vous devinez comme cette distinction, si bien méritée et si bien placée, a été chaleureusement applaudie. Puis elle fut chantée avec entrain, en quelques morceaux de circonstance, par les bons petits Pères de l'Assomption.

Au salut du Saint Sacrement qui suivit, nous chantâmes le cantique d'adieux, si touchant : *Il faut partir...* sur l'air mélancolique : *Du nid charmant caché sous la feuillée...* »

Le lendemain matin, un soleil superbe venait éclairer notre dernière journée de Jérusalem. Il nous invitait à en bien profiter. C'est ce que j'ai fait.

De très bonne heure, j'appelle un prêtre de mes amis, et nous partons, pour faire ensemble pieusement une dernière fois la visite des principaux sanctuaires, que nous ne devions plus revoir.

Nous voici devant la *porte de Damas*. Cette porte monumentale est la plus belle des sept anciennes portes de la ville, encore gardée par un poste de soldats, et fermées la nuit. Elle s'ouvre sur le chemin le plus direct pour gagner la Galilée en traversant la Samarie. Notre-Seigneur, venant de Galilée à Jérusalem, dut donc entrer plusieurs fois par cette porte, avec ses disciples.

Autrefois, vous le savez, les marchés se tenaient aux portes des villes. C'est le cas pour celle de *Damas*. Un immense terrain vague s'étend en avant, à l'extérieur. Il sert de marché aux bestiaux. Et de fait ce matin, il y avait là, dès la pointe du jour, des troupeaux de moutons, de petits ânes, des chevaux, et même quelques chameaux; avec une dizaine de gardiens par ci par là. Et c'est tout. Un marchand viendra tout-à-l'heure; puis un autre plus tard : on attend. Et en attendant, bergers et troupeaux sont nonchalamment étendus en plein soleil, et dorment.

La porte franchie devant le soldat de garde, nous allons dire la sainte Messe au sanctuaire de l'*Ecce Homo*, chez les Dames de Sion, et après un petit déjeuner, nous commençons notre dernière excursion.

Visite en passant à l'église de *Ste Anne*, et à la crypte de la Nativité de la Sainte-Vierge. C'est en ce lieu qu'a commencé à se manifester au monde le dessein rédempteur, par la naissance de l'Immaculée qui devait être la Mère du Sauveur des hommes.

De là, par le fond de la vallée de *Josaphat*, nous descendons à l'église de l'*Assomption*, où se vénère le tombeau de la divine Vierge. C'est de là que, trois jours après sa mort, Marie a quitté la terre, pour aller, en corps et en âme, rejoindre son adorable Fils au Ciel. Son berceau et sa tombe, son apparition ici-bas et son enlèvement au Ciel, voilà ce que nous rappellent ces deux sanctuaires, presque voisins, et que nous visitons l'un après l'autre. Ce rapprochement nous saisit vivement.

Rapide visite ensuite à la *Grotte de Gethsémani*, qui touche le sépulcre de Marie; lieu bien vénérable aussi; car, s'il n'y a pas agonisé, comme on l'a cru longtemps, Notre-Seigneur est certainement venu pour se reposer dans cette Grotte, maintes fois peut-être. Et qui nous dit qu'il n'y soit pas entré le soir de l'agonie ?.. L'endroit où nous sommes faisait à cette époque partie de ce qu'on appelle le *Jardin des Oliviers*, jardin public, ouvert à tout le monde, et occupant tout le fond de la vallée. Un peu plus loin, sont les fameux Oliviers sous lesquels se sont déroulées les scènes douloureuses de l'agonie du divin Maître. On est heureux de cueillir quelques brindilles de ces vieux témoins, avec quelques fleurs vivantes qui ont fleuri à leurs pieds.

Puis nous remontons vers la ville. Il m'en coûte de quitter, sans doute pour toujours, ces lieux si saints, que je me reproche de n'avoir pas visités autant que j'aurais voulu. Mais il le faut bien. Les lieux les plus délicieux ici-bas ne sont que lieux de passage. Du moins ici, en traversant de nouveau le ravin de la vallée de Josaphat, pouvons-nous penser que nous nous y retrouverons un jour, puisque la croyance populaire y localise la scène du *Jugement dernier*.

Arrivés vers la caserne turque, sur l'emplacement de l'ancien palais de Pilate, nous entrons pour continuer notre Chemin de Croix : les soldats de garde et les officiers nous saluent militairement, et nous laissent absolument libres. 1ᵉ *station*.

La 2ᵉ *station* se fait en dehors de la caserne, au lieu où était jadis l'escalier mémorable (*scala santa*), au pied duquel Notre Seigneur reçut sur ses épaules la croix que ses bourreaux lui avaient préparée. Là se trouve aussi le sanctuaire de la *Flagellation*, à l'endroit où, d'après la tradition, le divin Maître fut soumis, tout innocent qu'il était, au cruel supplice du fouet, et des verges armées de fer. Ces deux souvenirs de la flagellation et de l'imposition de la Croix sont conservés en deux petites chapelles, appartenant aux Pères Franciscains, et reliées entre elles par des cloîtres. Des fouilles importantes, faites il y a quelques années, ont fait découvrir sur un espace considérable le *Lithostrotos*, ou dallage en marbre rouge, dont était pavée la cour du palais de Pilate, et dont nous avons vu d'autres traces dans le couvent des Dames de Sion. Ce n'est pas sans une vive et profonde émotion qu'on foule ces vénérables dalles qui furent peut-être tachées jadis du sang adorable de la divine victime.

De là, passant sous l'arc de l'*Ecce Homo*, nous descendons la rue actuelle qui conduit au fond de la vallée profonde du *Tyropœon*, et qui est sensiblement sur le même parcours que celle suivie par Notre Seigneur dans sa Passion, dont on a retrouvé çà et là des traces visibles sous les constructions voisines. Ce parcours est d'environ 200 mètres.

Au fond du vallon, cette rue aboutit à celle qui vient de la porte de Damas. Là, sur un espace de moins de cent mètres, sont marquées trois des stations du Chemin de la Croix. Et, chose curieuse qui donne bien l'idée de *l'immobilité* orientale, le lieu de la *3e station* est signalé par une simple colonne de marbre, brisée en deux et couchée là à terre sur la chaussée de temps immémorial, sans qu'on ait songé ni à la relever, ni à la déplacer. Les Pères Franciscains ont cependant depuis quelques années bâti un petit oratoire, attenant au mur au pied duquel gît cette colonne. C'est là que Notre Seigneur, pressé par la foule qui l'entourait, et bousculé de toute part, serait tombé sous le poids de sa croix, au tournant de la rue.

Quarante mètres plus loin, est l'emplacement traditionnel de la rencontre douloureuse de Jésus et de sa Sainte Mère. Marie, informée de la condamnation de son divin Fils, descendit de Sion pour aller au-devant de lui. Elle le rencontra dans ce carrefour, où aboutissent à la fois la voie qui descend de Sion et celle qui remonte vers le Calvaire. Les Arméniens catholiques ont commencé d'élever sur cet emplacement une assez vaste église, sous le nom antique de *N.-D. de Pamoison* ou *du spasme*. Mais sans doute, ils ont de la peine à trouver les fonds nécessaires à son achèvement, car je l'ai trouvée en 1907 dans le même état qu'en 1893. Les constructions de l'église supérieure sont suspendues, et la crypte seule est livrée au culte. Cette crypte est, paraît-il, au niveau de l'antique rue, maintenant comblée par 7 à 8 mètres au moins de décombres. On y descend par un long escalier, au pied duquel se trouve une précieuse mosaïque antérieure au VIIe siècle et représentant deux petits souliers.

ou sandales juxtaposés, qui marqueraient la place traditionnelle, occupée par la Sainte Vierge quand elle rencontra Jésus. Nous baisons avec respect ces vestiges sacrés. C'est la *4e station*.

Après quelques pas encore dans la même direction, on quitte la rue de la porte de Damas, qui se continue dans le fond de la vallée, et passe sous une arcade, surmontée d'une habitation, dans laquelle une légende prétend voir la maison du *mauvais riche*.

Et l'on s'engage dans une nouvelle rue d'environ 150 mètres montant en ligne droite dans la direction du Calvaire : trois stations y sont marquées.

La *5e station* est tout à fait à l'entrée de la rue. Arrivés à ce passage, les bourreaux, qui avaient vu Jésus tomber de faiblesse il n'y a qu'un instant, se rendirent sans doute compte qu'il ne pourrait pas, dans l'état où il était, faire avec sa croix sur les épaules la montée excessivement raide de cette rue, et ils forcèrent un homme de Cyrène, nommé Simon, qui passait là, ou de se charger seul de la croix à côté de Jésus, ou de l'aider seulement à la porter. Les Pères Franciscains ont réussi à acquérir en cet endroit un étroit espace de terrain où ils ont aménagé un tout petit oratoire en souvenir du *Cyrénéen* et pour marquer la 5e station.

Au milieu de la montée, 80 pas plus loin, une grille portant l'inscription *VI. ST. (6e station)* laisse voir à gauche de la rue une crypte profonde, moitié sous terre, et moitié au niveau du sol. C'est le lieu traditionnel où une pieuse femme à qui l'on a donné le nom de Véronique se présenta à Jésus pour essuyer avec un linge trempé d'eau fraîche la face auguste du divin Maître toute couverte de poussière et de sang. Une représentation en personnages de grandeur naturelle, sous les voûtes de cette crypte, rappelle cette scène d'une manière réaliste et saisissante. Cet oratoire appartient aux Grecs-Unis ou *Melchites*, qui ont bâti au-dessus, en 1895, une fort belle église sous le nom de Ste Véronique.

Un peu au-delà, on arrive, après avoir passé sous une voûte sombre, à la rue du *Bazar*, à l'endroit où se trouvait jadis la muraille d'enceinte de la ville. Un petit sanctuaire, communiquant par un escalier avec une vaste chapelle franciscaine, renferme un précieux débris de l'antique Jérusalem. C'est une magnifique colonne monolithe en marbre gris que l'on croit avoir appartenu à la *Porte Judiciaire*, s'ouvrant autrefois en ce lieu. Nous baisons avec respect cette pierre, où peut-être avait été affiché l'arrêt de condamnation du Sauveur. C'est la 7ᵉ *station*. Là Notre-Seigneur bousculé par la cohue, défaillit une seconde fois.

A partir de cet endroit, impossible de suivre le chemin de la voie douloureuse, interceptée par des constructions diverses. Le Calvaire cependant est tout proche. Mais on ne peut y arriver maintenant qu'en faisant de longs détours en tout sens. La 8ᵉ *station* est marquée par une simple pierre, ornée d'une croix latine, et encastrée dans le mur, rappellant la rencontre de Jésus avec les femmes pieuses de Jérusalem. Elle est séparée de la 9ᵉ *station* par un couvent grec schismatique dédié à *Saint Caralambos*, dont je ne me charge pas de vous raconter l'histoire. Il faut donc faire le tour de ce couvent pour trouver, au bout d'une rue en cul-de-sac, la station où Jésus tomba pour la troisième fois.

Nous sommes maintenant au chevet de l'église du Saint Sépulcre, au pied même de la butte du Calvaire. Mais on ne s'en douterait pas. Il faut pour s'en rendre compte faire, comme nous avons fait, un coup d'audace. Après avoir prié à la 9ᵉ *station*, nous avisons une porte ouverte donnant accès dans une vaste cour, au milieu de laquelle émerge une coupole. Nous entrons, mon compagnon et moi, et nous nous approchons de la dite coupole. On dirait une immense calotte, posée à plat sur le sol de la cour, avec des ouvertures vitrées à fleur du pavé. Nous regardions par ces fenêtres : et quel n'est pas notre étonnement de voir, à une profondeur considérable au-dessous, la chapelle de sainte Hélène ou de *l'Invention de la Sainte-Croix*, que nous avions visitée dans l'église du Saint Sépulcre. Nous nous retrouvions, sans nous en douter, sur les terrasses au-dessus de la Basilique, au niveau du Calvaire. Mais nous n'étions pas au bout de notre surprise.

Nous venions de faire le tour de la coupole, lorsque nous voilà tout à coup engagés, sans savoir comment, dans une sorte de ruelle, bordée de masures infectes, étroites, basses, avec des guenilles étendues sans ordre sur le sol, de vrais chenils. Quelles pouvaient bien être les créatures qui habitaient ces bouges?... Nous ne fûmes pas longtemps à le savoir. A un détour de la ruelle, nous apercevons soudain un groupe étrange : une quinzaine d'éthiopiens, hommes, femmes, enfants, avec des figures d'un beau noir de jais et des yeux de topaze ardente, étaient là accroupis en rond par terre, à l'ombre d'un magnifique térébinthe, tandis qu'un prêtre ou moine abyssin, appuyé nonchalamment contre le tronc de l'arbre, semblait leur faire le catéchisme ou un discours. Un peu interloqué par cette apparition, nous cherchons le moyen de nous esquiver. Ce que voyant le catéchiste, et comprenant que nous sommes égarés, il fait signe à un groom, placé à côté de lui, de nous remettre dans le bon chemin. Celui-ci vient très gracieusement au-devant de nous, et nous reconduit vers l'entrée du couvent. En passant, il nous arrête au pied d'un petit arbre rabougri, auquel est adossé un petit autel avec niche, aussi primitifs que possible et plus que misérables. J'ai appris ensuite que les Abyssins appellent cet arbre : *le Chêne de St-Abraham.* Pourquoi ?... je l'ignore. Quoi qu'il en soit, cette visite imprévue aux Abyssins a vivement piqué notre curiosité.

Nous reprenons le chemin que nous avions quitté pour cette escapade, et nous entrons dans la Basilique du Saint Sépulcre, où nous terminons notre chemin de Croix, en visitant les *cinq dernières stations.* Comme c'était dimanche, il y avait énormément de monde, beaucoup de grecs surtout.

Rapidement nous faisons encore la visite de tous les Lieux saints renfermés dans la Basilique. Puis nous nous séparons. Seul je remonte au Calvaire, et à genoux sur le pavé qui recouvre le Rocher béni, je récite pour tous ceux que j'aime un Rosaire, en repassant dans mon esprit tous les mystères de notre Rédemption. Ah ! qu'il fait bon méditer et prier dans cette atmosphère toute imprégnée de tant de souvenirs divins ! Une dernière et longue visite d'adieu au Saint

Sépulcre, et je pars, en me faisant violence : je ne pouvais
pas m'arracher de ces lieux sacrés ; j'aurais voulu y laisser
mon cœur.

Il faut partir
Adieu, Mont du Calvaire,
L'empreinte des baisers restera sur ta pierre.
Il faut partir
Adieu, Mont du Calvaire,
J'ai lu sur les rochers l'amour d'un Dieu martyr.

De là, je me dirige vers le Cénacle, et en moins de temps
que je ne pensais, je fais une dernière visite à l'église de la
Dormition de la Sainte Vierge qui touche au Saint Cénacle.
C'était fini. Le cœur serré, je rentre à Notre-Dame de France.
Il faut partir.

Départ de Jérusalem

Je vous écris cette fois à bord de l'*Etoile*. Nous venons d'y
arriver.

C'est triste un départ de Jérusalem, surtout quand on part
sans espoir d'y revenir. On est obligé, qu'on le veuille ou
non, de refouler au fond de son cœur bien des regrets qui
montent aux lèvres. On voudrait chanter sa reconnaissance
et pleurer à grands cris sa douleur. On voudrait surtout
emporter avec soi toutes les grâces qui ont coulé à flots sur
cette terre divine ; se remplir les yeux, l'esprit, le cœur, de
tout ce qu'on a vu, senti, aimé, en suivant pas à pas les vestiges sacrés du Sauveur. Il faut partir. C'est bien fini cette
fois. Jérusalem est déjà loin là-bas, par delà les monts de
Judée que j'aperçois devant moi.

Avant de partir, dernier déjeuner : adieux émus aux bons
petits Pères de l'Assomption qui nous ont tant édifiés et si
bien servis. Je n'ai pu m'empêcher, voyant que personne ne
disait rien, de demander la parole pour les remercier cor-
dialement. J'ai été applaudi à outrance, et tout le monde
m'a dit : vous avez bien fait, vous avez traduit le sentiment
général.

Après déjeuner, dernière bénédiction du Saint Sacrement à l'église...

Et dernière prière à Jérusalem avec chant d'adieux :

<blockquote>
Encore une prière
En quittant le Saint Lieu
Plutôt que t'oublier, s'éclipse la lumière !
Jérusalem, adieu !
Jérusalem, adieu !
</blockquote>

Puis en voiture à la gare. Là nous avons appris que le chef de gare venait de recevoir avis qu'un train spécial était parti de Jaffa, amenant à Jérusalem un archevêque grec. Comme le chemin de fer n'a qu'une seule voie, force nous fut d'attendre. Enfin nous voilà en route !

Le trajet a été plus intéressant que celui de l'arrivée. Nous avons revu avec bonheur ces montagnes arides sur lesquelles se sont déroulés tant d'événements remarquables de l'histoire du monde, cette plaine de Sâron, célèbre par sa beauté, louée dans l'Ecriture, *Decor Carmeli et Saron* (Isaïe, XXXV.2) et par les combats fameux dont elle a été le thé''re. En approchant de Jaffa, on jouit littéralement de la si ''leur de cette nature vivante et gracieuse. Les grenadiers, oliviers, figuiers, orangers, etc., charment le regard par leurs dispositions artistiques et la fraîcheur de leur feuillage, tandis que les haies de cactus fleuris, qui bordent la voie, reposent doucement les yeux par leurs fleurs jaune tendre s'entremêlant à la couleur d'un violet tirant sur le rouge des boutons non encore épanouis.

L'embarquement a été assez calme, malgré une certaine agitation de la mer. Mais comme toujours, les scènes les plus pittoresques et les plus drôles se sont produites dans la mise en barques au port de Jaffa. C'est à qui des bateliers arrivera le premier pour avoir le plus de pèlerins à transporter, afin d'avoir le plus de *bakchichs* possible. D'où il résulte que, toutes les barques se touchant, aucune ne peut aborder jusqu'au quai. Nos bons arabes ne sont pas embarrassés pour autant. Ils se jettent tout simplement à la mer, et ayant de l'eau jusqu'à la ceinture, ils s'approchent de la jetée, et, ma foi, honni soit qui mal y pense, ils saisissent tous les pèlerins et pèlerines qu'ils peuvent attrapper, à bras le corps, par les jambes, et les portent dans leur barque : protestez, ne protestez pas, c'est comme ça. Ces hommes sont forts, naturellement, comme des turcs ; il n'y a pas à avoir peur. Et tout en vous portant ainsi d'un seul bras, ainsi qu'une mère son petit enfant, ils vous tendent la main restée libre, pour demander bakchich. J'ai même vu ceci : dans leur empressement impétueux, deux arabes prenant à la fois le même pèlerin chacun par une jambe, et, ni l'un ni l'autre ne voulant lâcher sa proie, le portant ainsi en triomphe jusqu'aux barques. Mais là, grosse difficulté : dans laquelle des deux barques serait déposé le fardeau vivant ? on ne pouvait cependant pas le placer comme le colosse de Rhodes un pied sur l'une, un pied sur l'autre. Ce fut une scène homérique, dont le porté riait aux larmes le tout premier, et nous tous avec lui. Chacun des porteurs, voulant avoir la récompense de sa peine, le tirait de son côté, et le pauvre patient n'eut d'autre moyen de n'être pas écartelé et de terminer la dispute de ses deux coryphées, que de déposer un bakchich dans chacune des deux mains tendues vers lui. Moyennant quoi, il fut enfin embarqué.

Autre scène. En arrivant au pied du navire, une dame, à qui le balancement de la barque avait donné le mal de mer, se croyait déjà perdue ; et au moment de saisir l'échelle pour monter sur le pont, effrayée par le mouvement de la mer, elle se refusait à sortir. Les personnes qui étaient avec elle l'encourageaient en vain. Ce que voyant un des bateliers, il la prend tout simplement comme un colis, la charge sur son dos, et enjambant la passerelle, vient la déposer sur le pont. Vous pensez si on riait. Et la pauvre dame toute confuse fut cependant heureuse de cette solution inattendue ; car à peine sur le pont, elle ne sentit plus le mal de mer.

Nous voilà donc de nouveau à bord. Le soleil éclaire de ses derniers rayons *Jaffa la belle*. Nous la saluons une dernière fois avant d'aller dans nos cabines. Car le vaisseau va se mettre en marche, tandis que nous reposerons, et demain elle sera loin de nous. Adieu, Jaffa, adieu !

Sur le Pont du navire. — Rêves.

Connaissez-vous le mal qu'on appelle : *la fièvre des bagages ?* — C'est un mal endémique d'une nature contagieuse, qui sévit spécialement sur les navires parmi les passagers ; il atteint son plus haut degré d'intensité aux heures qui suivent l'embarquement et à celles qui précèdent le débarquement.

C'est alors un va-et-vient inénarrable, des cabines sur le pont, du pont à la soute, de la soute aux cabines, etc. On se croise, on se bouscule, on se salit à plaisir ; les cordes, les affiches, les pots de colle pour les étiquettes, les pliants, les parasols ou parapluies, que sais-je encore ? tout est pêle-mêle, c'est un branle-bas général. On perd ses effets, ou l'on croit les avoir perdus, on les réclame, on les cherche ; mais naturellement nul ne les a vus ; puis on les retrouve bien tranquillement casés dans un endroit en évidence, sur un colis qu'on a remué vingt fois sans les voir.

A grands coups ici et là on cloue ou l'on décloue les caisses, on arrange ou l'on dérange les paquets ; on cherche des combinaisons savantes pour n'avoir rien à démêler avec la douane.

Bref, c'est une vraie fièvre, mais qui a son charme et qui passe vite. Je crois que, si l'on pouvait la faire durer pendant toute la traversée, ce serait le meilleur remède contre le mal de mer, bien autrement redouté.

Eh bien ! cette fois je ne me suis pas laissé prendre par la susdite fièvre. Et en dépit de l'agitation qu'elle engendre tout autour de moi, appuyé mélancoliquement contre le bastingage, je ne puis détacher mes regards, ni mon esprit, ni mon cœur, de cette terre sacrée qui est là devant mes yeux.

Elle m'apparaît d'ailleurs dans une douce auréole d'apothéose, sous les rayons empourprés du soleil couchant, irradiant à la fois la terre et ce beau ciel d'un bleu si profond et si tendre qu'on appelle le ciel d'Orient. Jaffa étincelle sous ses feux, et les montagnes de Judée qui se dressent à l'horizon semblent illuminées.

Ce spectacle me saisit : mais bien davantage encore le flot de pensées qui m'assaillent... et je rêve.

Que faire sur un pont, à moins que l'on ne rêve ?

Je rêve au passé. — Et quel passé ! tout le passé du genre humain. Sans peine, je remonte dans mon rêve jusqu'au *déluge* ; puisque je me trouve au lieu même, peut-être à l'endroit précis, où, selon la tradition, Noé bâtit son *arche*. Je vais même plus haut en arrière, car j'aperçois là-bas dans le lointain les collines vers *Hébron*, où quelques-uns ont voulu voir le berceau du genre humain. C'est en tout cas la terre des Patriarches ; et je vois passer successivement devant mon esprit, Abraham qui y planta sa tente, près du chêne de *Mambré*, et y reçut les trois révélations divines, fondement du *Vieux Testament* ; puis Isaac, puis Jacob avec ses douze fils, promenant leurs tentes et leurs troupeaux sur toutes ces montagnes, à travers toutes ces plaines, que dorent là-bas les derniers rayons du soleil. — Puis je vois les Juges d'Israël conduisant les Hébreux à la victoire contre les Chananéens : Samson, par exemple, qui, là tout près, dans la plaine de Sâron, multiplia ses exploits. — Je vois ensuite les rois d'Israël rassemblant les tribus, sous leur houlette, Saül, David, Salomon, et les autres ; les prophètes, qui, l'un après l'autre, font retentir la voix de Dieu sur la terre de promission. — Je vois encore les glorieux Macchabées, défendant contre les envahisseurs étrangers l'héritage du Seigneur.

Je vois passer devant mes yeux les multitudes de peuples *gentils*, qui se ruent successivement sur ce petit pays, et fit issent, à cause des infidélités du *peuple de Dieu*, par l'écraser : je vois le romain y établissant sa domination.

C'est l'époque où paraît le divin Messie ; et toute sa vie se déroule de nouveau devant moi, située, année par année, dans les différentes parties du cadre placé sous mes yeux. Voici à droite Bethléem, là-bas à gauche Nazareth, et plus loin Tibériade avec son lac et le Jourdain, en face de moi Jérusalem.

Jésus meurt, et son Calvaire devient le centre du monde :

et voici toute la suite des conquérants qui veulent s'en emparer, les Croisés qui le reprennent aux Mahométans, puis le Croissant qui s'établit définitivement sur la Palestine, gardien sauvage mais fidèle des Lieux Saints. Quel mystère dans cette substitution ! Et je rêve à l'insondable profondeur des desseins de Dieu.

Je rêve au présent. — Il est là, sous mes yeux, mais enveloppé d'ombres, pareil à ces plaines que je vois devant moi, et où l'obscurité du soir commence à s'étendre. Quelles ombres que ce mélange hétéroclite de religions, sur ce sol, où Jésus est venu du Ciel semer la vérité une et indivisible ! Que cette cohabitation étrange des peuples jaloux, haineux, qui voudraient supplanter l'Eglise du Christ auprès de son tombeau : Musulmans, Juifs, Grecs Schismatiques, Coptes, Arméniens, Protestants ! Que cette longue indifférence, cette inertie des princes chrétiens, laissant à l'abandon et livrée à la dévastation, la patrie de Jésus, de Marie et de Joseph.

Et je repasse toutes les ruines dont le spectacle a affligé mon cœur de prêtre, au cours de mes pérégrinations. D'ailleurs Jaffa n'est-elle pas là sous mes yeux, elle qui n'a pas seulement un sanctuaire où l'on puisse décemment célébrer les souvenirs chrétiens si nombreux, dont elle est pleine.

Et cependant je suis là ! Nous sommes là, nous, les Pèlerins du Christ ! et voilà que mon rêve prend des formes plus gaies et plus consolantes, et m'emporte vers l'avenir.

Je rêve à l'avenir. — Il me semble voir venir de l'Occident tout une flottille de pèlerins, Croisés pacifiques envoyés par la France et les nations catholiques d'Europe et d'Amérique, pour réveiller les échos de la voix du Messie, en recueillir les précieux enseignements, et en répandre la semence au loin dans le monde entier. Je les vois, par leur piété et leur zèle, puisés ou ravivés sur cette terre bénie, amenant au tombeau du Christ des foules toujours plus nombreuses, avides de venir se retremper dans la foi et l'amour de Jésus et de sa divine Eglise.

Je me suis même surpris à rêver, le croiriez-vous, de revenir, une fois encore, revivre ces heures bénies du pèlerinage. Est-ce possible, mon Dieu ? Je n'ose le croire. Ce n'est qu'un beau rêve. Et cependant !...

Une curieuse légende prétend qu'*ici*, lorsqu'il va se coucher, le soleil semble éprouver un regret d'avoir à cesser d'éclairer la patrie de son Créateur et Maître ; alors, avant de s'enfoncer dans les flots de la mer bleue, il concentre toute l'ardeur de ses feux dans son dernier rayon, pour l'envoyer comme un baiser à la Terre Sainte : et ce rayon est un rayon *vert*, le vert de l'espérance.

Et quiconque, à ce moment, ajoute la légende, a la chance de saisir au passage, et d'apercevoir ce *rayon vert*, peut être assuré de voir ses espérances se réaliser.

Voici justement que le disque du soleil commence à disparaître là-bas à l'horizon, dans les flots ; je regarde, et dans mon rêve, il me semble voir le *rayon vert*.　　　　F. B.

Conclusion

La *conclusion*, ami lecteur, elle se tire sur le sol de France.

La première série de lettres, écrites sur les notes prises au pays du Christ, a paru tout entière, mois par mois, dans les pages de la *Revue des pèlerinages*. Leur réunion en fascicule permet d'avoir une vue d'ensemble assez complète sur cette première partie d'un long et intéressant voyage, et d'en conserver les multiples impressions.

Vous les y retrouverez ainsi à votre aise, quand vous voudrez ; de même que, dans un album de vues photographiques, on aime à revoir à loisir la succession des sites pittoresques que l'on a visités.

Puisse ce petit recueil vous avoir fait quelque bien ! et si, par surcroît il a eu le don de vous intéresser, dites-le à vos amis, et préparez-vous à bien recevoir son frère, qui se prépare déjà à venir à sa suite.　　　　F. B.

16 Octobre 1911.

En la fête de S. Michel au Mont Tombe.

TABLE DES MATIÈRES

Introduction..   1

EN MER

Le départ...   3
La traversée..   4
La vie à bord...   6

EN TERRE SAINTE

LA JUDÉE

Débarquement à Jaffa. — Entrée solennelle à Jérusalem. —
   Messe au St-Sépulcre..   10
Les visites. — Notre-Dame de France...................................   13
La Basilique du St-Sépulcre...   14
Pèlerinage au Jardin de Gethsémani....................................   16
Le chemin de la Captivité...   19
Le Chemin de la Croix à Jérusalem.....................................   22
Excursion à Jéricho. — La fontaine d'Élisée. — Mont de la
   Quarantaine...   27
Mois de Marie et nuit à Jéricho.......................................   33
Excursion aux bords du Jourdain.......................................   34
La Mer Morte..   38
La Fête-Dieu à Jérusalem..   41
Basilique de l'Assomption et tombeau de la Sainte Vierge....   49
Sanctuaire de Sainte Anne. — Nativité de Marie........................   54
Excursion à Saint Jean *in Montana*...................................   63
Le Mont des Oliviers..   69
Le Couvent du *Pater.* — Bethphagé....................................   74
Béthanie et le tombeau de Lazare......................................   79
Visites officielles...   85

Le Mont Moriah... 96
Le Temple de Jérusalem... 99
La Mosquée d'Omar.. 101
Excursions et visites sur le Mont Moriah......................... 103
La Mosquée *el Aksa*. — Présentation de la Très Sainte Vierge... 109
Écuries de Salomon. — Porte dorée................................ 113
Mur des pleurs des Juifs... 116
Coup d'œil rapide sur Jérusalem.................................. 119
Allons jusqu'à Bethléem.. 121
Retour à Bethléem.. 137
Tout près de Bethléem.. 143
Les alentours de Bethléem.. 150
Dernier séjour à Jérusalem....................................... 158

    Courses en zig-zag. — Saint-Sauveur. — Ancien Hôpital des Chevaliers de St-Jean. — Bazars et boutiques.. 159

    Deuxième Chemin de Croix. — Procession aux sanctuaires du St-Sépulcre............................. 165

    Nuit passée au St-Sépulcre. — Les Messes et offices de nuit au Calvaire................................. 168

    Notre-Dame de Sion. — L'Arc de l'Ecce homo. — Divers souvenirs... 173

    Le Mont Sion. — L'église de la Dormition. — Le Saint Cénacle.. 176

    Église de St-Jacques. — Citadelle. — Tour de David.. 180

Les adieux. — *Dernière journée. — Rapide et suprême visite aux Sanctuaires*....................................... 181

Départ de Jérusalem.. 190
Sur le pont du navire. Rêves..................................... 193
    Conclusion... 196

Fin de la première partie

Bourg. Imp. Centrale, J. Dureuil, 4, rue Lalande

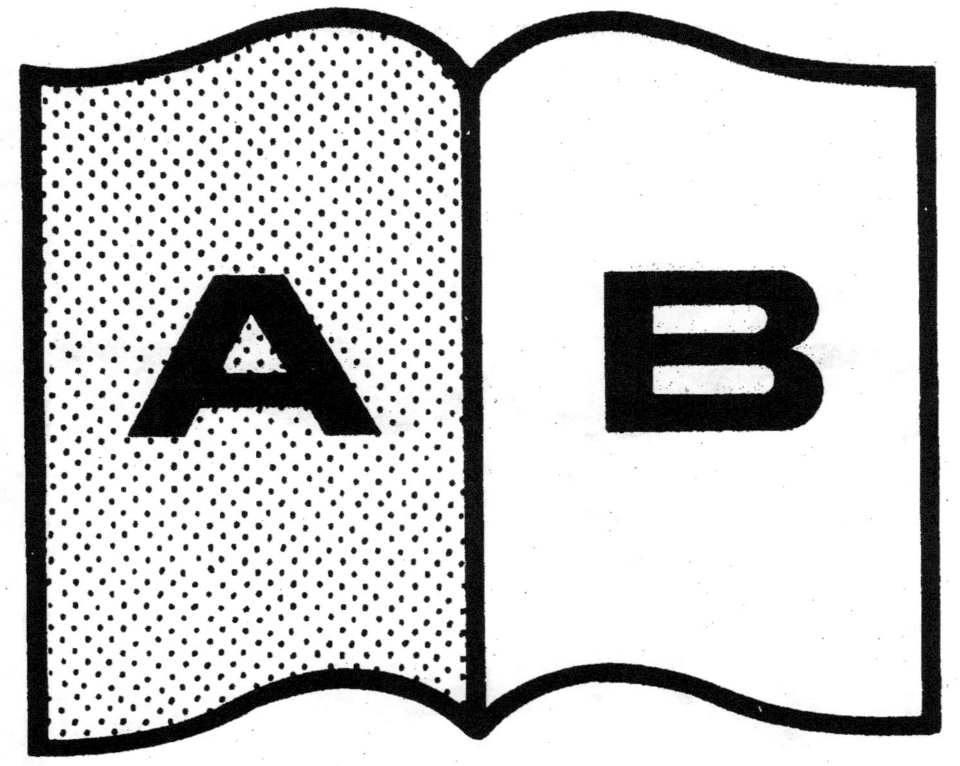

Contraste insuffisant

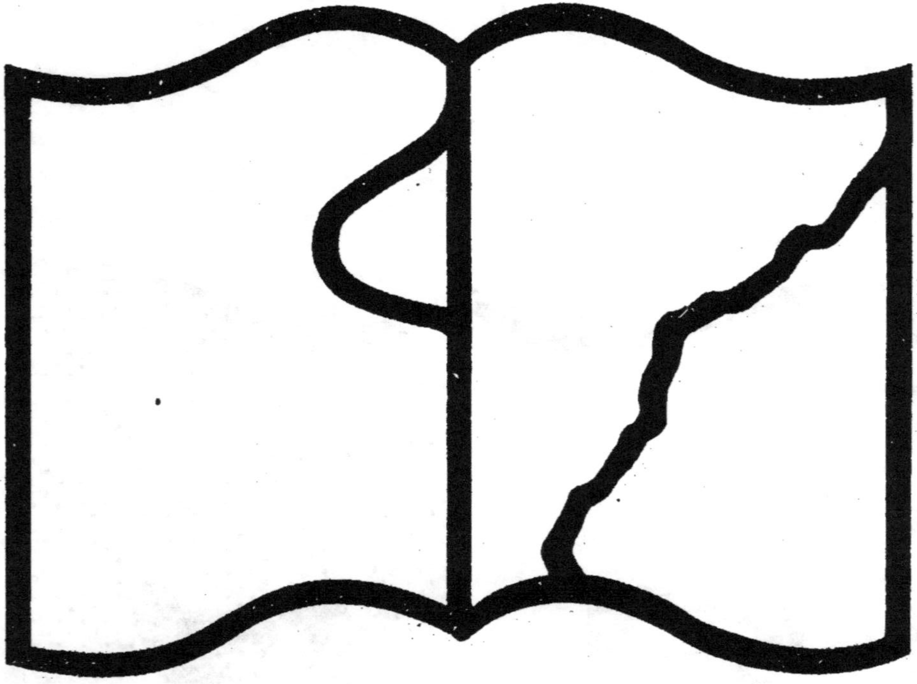

Texte détérioré — reliure défectueuse